Samvado Gunnar Kossatz, Barry Carter und andere

Ormus

Samvado Gunnar Kossatz, Barry Carter und andere

Ormus

Eine neue Form der Materie

Übersetzungen und eigene Gedanken

BoD

Die diesem Buch zugrunde liegenden Texte stammen überwiegend aus dem Internet. Genauer gesagt, von Barry Carters sehr ausführlicher Webseite *subtleenergies.com*. Andere Autoren haben im Rahmen seiner Seiten Beiträge geleistet, die hier ebenfalls Verwendung gefunden haben. Einige wenige Anmerkungen und Erfahrungsberichte stammen aus meiner eigenen Feder.

Samvado Gunnar Kossatz, Barry Carter und andere
Ormus

© 2008 Samvado Gunnar Kossatz.

Wacholderweg 46, D-25462 Rellingen
Tel.: +49-178-4663930
E-Mail: info@m-state.de

1. Auflage Juni 2008

ISBN 978-3-8370-2572-9

Herstellung und Verlag: Books on Demand GmbH, Norderstedt

Buchbestellungen ab 10 Stück für Arbeitsgruppen, Bibliotheken, Schulen usw. können beim Autor direkt getätigt werden. Je nach Anzahl werden Preisnachlässe gewährt.

Bibliografische Information der Deutschen Nationalbibliothek
Die Deutsche Nationalbibliothek verzeichnet diese Publikation in der Deutschen Nationalbibliografie; detaillierte bibliografische Daten sind im Internet über http://dnb.d-nb.de abrufbar.

Inhalt

Danksagung

Die Texte dieses Buches sind in der Mehrzahl Übersetzungen amerikanischer Vorlagen, jeweils mit Zustimmung der Autoren. Ohne deren jahrelange intensive Beschäftigung mit dem Thema Ormus, die zu einer schier unüberschaubar großen Menge an Onlinedaten geführt hat, wäre ich nicht in der Lage gewesen, diese grobe Übersicht zum Thema Ormus zu verfassen.

Insbesondere ist dies Barry Carter und seinen Unterstützern, aber auch vielen frei denkenden Wissenschaftlern, Physikern, Biologen, Chemikern und Ärzten zu verdanken. Ihnen allen gebührt mein herzliches Dankeschön für diese so wichtige und doch meist gänzlich ehrenamtliche Arbeit.

Ich danke Dhira Sarah Barein [1] für die wunderschöne Abbildung auf dem Buchumschlag, Katja Anselm, Carlotta Freyer sowie Prof. Ulrich Kraus für die mühselige, zeitaufwändige und dennoch penible Durchsicht des Manuskripts.

Ganz besonders danke ich für ihre vielen Hinweise zu inhaltlichen Irrtümern und Ambiguitäten. Verbleibende Fehler sind ausschließlich von mir zu verantworten.

Vorwort

Mein erster Kontakt mit Ormus fand im August 2005 auf der Jahrestagung des *Scientific and Medical Network*[2] statt. Ich war dieser illustren Gesellschaft aktiver Forscher und ehemaliger Akademiker erst kurz zuvor beigetreten und von der offenen Atmosphäre und dem breitgefächerten Themenangebot sehr angetan.

Dr. Roger Taylor aus der Guildford Group hielt einen Vortrag mit dem Titel „Ormus: a new state of matter with promise for use in medicine" (etwa: „Ormus, eine neue Zustandsform der Materie mit vielversprechenden medizinischen Applikationen").

Zu diesem Zeitpunkt war ich noch in die Forschung zum Thema „superionisiertes Wasser" verwickelt, eine proprietäre Wasserbehandlung des Türken Ayhan Doyuk. Da sich herausstellte, dass viele seiner Versprechungen keine wirkliche Abbildung in der Realität hatten, war ich besonders offen für neue Impulse, um meinem Langzeitziel, der physischen Verlängerung und Verbesserung des menschlichen Lebens, näherzukommen.

Um es kurz zu machen: Ormus hat mich nicht enttäuscht. In den drei Jahren der regelmäßigen Nutzung hat sich zwar gezeigt, dass es auch in der Ormus Gemeinde Anbieter unterschiedlicher Qualität und Seriösität gibt und man, wie überall im Leben, „Due Dilligence" walten lassen sollte. Die Substanz selbst hält aber, was sie verspricht. Das kann ich aus Erfahrung am eigenen Leib bestätigen, und eine wachsende Schar begeisterter Nutzer stimmen mit mir überein. Einige von ihnen kann man im deutschen Internetforum kennenlernen.

Wir sollten auch nicht außer Acht lassen, dass, trotz ständiger verbaler Bekenntnisse unserer Politiker zur „demokratischen Grundordnung", die Pharmaindustrie durch ihre Lobbyarbeit in den Parlamenten eine wirklich freie und umfassend informierte Entscheidung in Sachen Gesundheit praktisch unmöglich gemacht hat. Gesundheitsrecht ist durch die Gesetze, nach denen die FDA in den USA operiert und in Deutschland durch das europäische Rahmenrecht, in der westlichen Welt nun fast gleichgeschaltet. Es mutet ironisch an, dass ein afrikanischer Schamane mehr Freiheit in der Wahl seiner Heilmittel und Heilmethoden besitzt, als ein amerikanischer oder deutscher Arzt.

Die individuelle Gesundheit in unserem Land ist damit einem System überlassen, in dem Krankheiten lediglich verwaltet und die Kassen internationaler Pharmakartelle gefüllt werden. Während eines Ärztestreiks z.B. starben in den betroffenen Kliniken weniger Patienten als in einem Vergleichszeitraum[3] mit voller „Betreuung". Und in den USA sterben jährlich mehr Menschen an Fehlmedikationen als an Verkehrsunfällen[4].

Ormus erlaubt auf natürliche, organische Art, die Beiträge für die Krankenversicherung sinnvoller anzulegen. Es kann von jedermann selbst hergestellt oder alternativ günstig bezogen werden. Ich würde mir wünschen, dass viele Mitmenschen in nachbarschaftlicher Kooperation Ormus herzustellen lernen und damit einen Weg zurück zur Gesundung von Innen heraus finden.

Vielleicht kann dieses kleine Buch ja der Anstoß für Sie sein, damit zu beginnen.

Samvado Gunnar Kossatz

La Gomera, im Januar 2008

Die Ormus-Bewegung

Der Amerikaner *Barry Carter* ist wohl die aktivste Figur in der relativ jungen Ormus-Bewegung.

Barry betreibt mehrere Diskussionsgruppen im Internet auf der Yahoo-Plattform und reist in den USA und im Ausland umher, um Vorträge und Workshops zu diesem Thema zu halten. Er experimentiert mit verschiedensten Herstellungsverfahren. Selbstverständlich nimmt er schon seit vielen Jahren Ormus zu sich und berichtet, wie viele andere in den Foren auch, über seine Erfahrungen.

Etliche Autoren haben in teils umfassenden Essays oder mit Randbemerkungen zum Inhalt von Barrys Internetseiten beigetragen. Ich führe sie hier nicht extra auf. Die Namen, oft nur Pseudonyme, werden in den respektiven Abschnitten genannt.

Was ist Ormus, und wie wurde es entdeckt?

Im Jahre 1970 fiel dem Landwirt *David Hudson* aus Arizona ein befremdliches Material auf, während er auf seinem Land nach Gold schürfte. In den darauf folgenden Jahrzehnten gab dieser Farmer mehrere Millionen Dollar aus, um mehr über diesen Stoff, seine Beschaffenheit und die Möglichkeiten, ihn zu gewinnen, zu erfahren.

1989 wurden ihm verschiedene Patente in Bezug auf seine Forschungen erteilt, u. a. in Großbritannien und in Australien[5].
In den 90ern hielt Hudson überall in den USA Vorträge über seine Entdeckung. Mitschriften seiner Reden sind im englischen Original im Web zu finden.
Weiter unten findet sich in deutscher Übersetzung die Rede, die er 1995 in Portland, Oregon, gehalten hat.

Hat Hudson den Stein der Weisen gefunden?

Seit der Zeit der alten Ägypter haben sich Alchemisten mit dem Thema „Elixier des Lebens" (auch „Stein der Weisen" genannt) befasst. Die Materialien, die Hudson und andere gefunden haben, scheinen damit zu tun zu haben. Die summarische Bezeichnung lautet Ormus, Orme (Orbitally Rearranged Monoatomic Elements), M-State oder auch AUM, Microcluster oder Manna.

Da Hudson als ursprünglicher Entdecker und Patentinhaber die Bezeichnung „Ormus" geprägt hat, ziehen wir diese, neben dem Begriff M-State-Material, vor.

Es wird angenommen, dass die Ormus-Materialien aus Edelmetallen in neuartigen, bisher unbekannten atomaren Zuständen bestehen. Folgende Elemente wurden bisher in diesem Zustand vorgefunden (sie sind alle in Hudsons Patenten enthalten, mit Ausnahme von Quecksilber):

Bekannte Ormus-Elemente und deren Atomkennzahl im Periodensystem:

Kobalt - 27
Nickel - 28
Kupfer - 29
Ruthenium - 44
Rhodium - 45
Palladium - 46
Silber - 47
Osmium - 76
Iridium - 77
Platin - 78
Gold - 79
Quecksilber - 80

Alle diese Elemente sind in großen Mengen in Meerwasser enthalten. Gemäß Hudsons Patentschriften kommen diese Elemente ca. 10.000-mal häufiger im monoatomaren, als im „normalen" metallischen Zustand vor. Es mag auch noch andere, bisher unentdeckte Elemente im Ormus Zustand geben.

Weltweit haben verschiedene Forscher durch unabhängige Beobachtungen die Entdeckungen Hudsons weitgehend bestätigt.

Diese M-State-Elemente haben folgende physikalischen Besonderheiten gezeigt: Supraleitung, Supraflüssigkeit, Josephson-Tunnelling und magnetische Schwerkraftaufhebung. Es sieht aus, als wenn wir auf eine völlig neuartige Klasse von Elementen gestoßen sind.

Wie sich herausstellen wird, wurden sie bereits in vielen biologischen Systemen nachgewiesen. Sie scheinen den Energiefluss in den Microtubuli innerhalb der lebenden Zelle zu verstärken.

Weiterhin gibt es Anzeichen dafür, dass diese Art Elemente in historischen Überlieferungen erwähnt werden. Mehrere Herstellungsarten sind an die heutige Zeit angepasste Rezepte aus alchemistischen Schriften. Darüber hinaus erwähnt die Bibel eine Substanz namens *Manna*, dessen dort behauptete Eigenschaften an Ormus erinnern.

Es gibt auch heute noch Zugang zu diesen Schriften, wenn auch nur selten in deutscher Sprache. Besonders hervorzuheben wären: „Sacret Science" (R.A. Schwaller De Lubicz), „Le Mystere des Cathedrales" (Fulcanelli), bei Amazon.com erhältlich. Eine andere Quelle ist „Occult Chemistry" (Leadbeater und Besant). Das Hauptwerk könnte jedoch „The Secret Book" von Artephius sein. Es ist im Web zu lesen[6].

Es könnte diverse Wege zum *Stein der Weisen* geben. Es könnte unterschiedliche „Steine" geben. An dieser Stelle ist zusätzliche Forschung erforderlich. Da die M-State Mineralien in der Natur weit häufiger vorkommen als ihre metallenen Geschwister, können sie mit einigem Aufwand an Zeit und Material auch extrahiert werden. Jedermann ist herzlich eingeladen, sich an dieser geistigen und wissenschaftlichen Herausforderung zu beteiligen.

Physikalische und chemische Theorien

Die folgenden Informationen sollen die wissenschaftliche Auseinandersetzung mit den M-State-Materialien fördern. Obwohl diese Theorien auf den heute gängigen Weltanschauungen und unserem derzeit besten Wissen basieren, ist es wahrscheinlich, dass weitergehende Forschungen einige der Paradigmen kippen werden. Die folgenden Ausführungen stellen daher nur Theorien dar.

Ein monoatomares Element hat ein Atom pro Molekül, ein diatomares zwei. Bestimmte Elemente in mono- oder diatomarer Konfiguration können stabile Strukturen bilden, in denen alle Elektronen „Cooper-gepaart" sind (sie bilden supraleitende Elektronenpaare). Dadurch sind sie nicht als Valenz-Elektronen (z.B. für chemische Bindung) verfügbar. Elemente dieser Art sind schon bei Zimmertemperatur supraleitend und zeigen auch noch andere quantenmechanische Effekte in nachweisbaren Größenordnungen. Einige dieser Effekte sind:

- irreguläres Schwerkraftverhalten
- Supraflüssigkeit, viskosefreie Flüssigkeit
- Quanten-Tunnelling durch solide Objekte
- verformte Atomkerne in „high-spin" Zuständen

Eine andere Bezeichnung für solche Materialien ist *Microcluster*. Diese wurden in einem Microcluster-Forum folgendermaßen beschrieben:

„Ein Microcluster ist eine kleine, chemisch nicht-reaktive Zusammenballung von Atomen, die definitiv kristalline Strukturen aufweist. Microcluster können synthetischer Herkunft sein. Für den Zweck dieser Abhandlung nehmen wir jedoch an, dass die natürlich vorkommenden den künstlichen Microclustern ähnlich sind. Die Forschung an Microclustern begann mit den natürlich vorkommenden. Cluster gibt es als molekulare Typen, die sich gegenseitig ersetzen oder imitieren können. Sie sind bis zu 200 oder mehr Atome groß.

Gewisse Typen sind selten, diese Seltenheit beruht auf heutigen chemisch-physikalischen Ansichten und Konzepten. Die Forschung hat gezeigt, dass bestimmte Microcluster Supraleiter sind. Sie können der Entdeckung durch herkömmliche chemische Nachweismethoden entgehen. Die meisten, wenn nicht alle, haben katalytische Eigenschaften. Sie sind magnetisch oder können dazu bewegt werden, elektromagnetische Eigenschaften anzunehmen. Und sie können riesige, chemisch unreaktive Ionen bilden, sogenannte *Mega-Ionen*."

Ormus und BEC (Bose-Einstein-Kondensate)

Die Physiker haben kürzlich einen neuen Zustand der Materie im Labor geschaffen, die BEC. Der Name stammt von Sathyendra Nath Bose und Albert Einstein, die deren Erschaffung in den 20er Jahren des letzten Jahrhunderts vorausgesagt haben. Ihre Theorien wurden jedoch erst 1995 im Labor durch Eric Cornell und Carl Wiemann in Boulder/Colorado bewiesen. Sie haben es geschafft, indem sie Materie bis auf ein millionstel Grad über absolut Null abgekühlt haben.

Ein BEC besteht aus einer Gruppe von Atomen, die sich alle im selben Quantenzustand befinden. Nach den Gesetzen der Quantenphysik verhalten sie sich in vielerlei Hinsicht wie ein und dasselbe Atom. Supraleiter und Supraflüssigkeiten sind Formen der BEC.

Absolut Null ist die Temperatur, bei der alle Molekülbewegungen aufhören. Wenn Moleküle stark abgekühlt werden, bewegen sie sich sehr viel langsamer, als bei Zimmertemperatur.

David Hudson postuliert, dass seine Ormus-Atome ihrer Natur nach eine interne Temperatur nahe absolut Null haben. Darum können sie auch bei Raumtemperatur als BEC auftreten.

Für Interessierte Englisch-Versierte gibt es hierzu auf der BEC-Homepage mehr Informationen.[7]

Auf der Webseite des *American Institute of Physics* gibt es gleichermaßen Hintergrundinformationen zu dem Zusammenwirken von BEC, Supraleitern und *Cooper-Paaren*[8].

Eine Supraflüssigkeit ist eine Flüssigkeit, die ohne Viskosität bzw. innere Reibung fließt. Dazu müssen alle ihre Moleküle soweit abgekühlt werden, bis sie denselben Quantenzustand einnehmen.

Partikel, die aus ungeradzahligen Teilchenmengen zusammengesetzt sind, z.B. Helium-3, nennt man *Fermionen,* alle anderen *Bosonen.* Erstere dürfen aufgrund bestimmter quantenmechanischer Gesetze nicht denselben Quantenzustand annehmen. H3, welches verflüssigt und extrem gekühlt wird, ordnet sich zu Paaren an, die dann gerade Teilchenzahlen haben und somit denselben Quantenzustand einnehmen dürfen und supraflüssig werden können. Sie werden von Fermionen zu Bosonen. Helium-4, ein Boson, braucht nicht zu Paaren, um supraflüssig zu werden, was bei ca. 2° über absolut Null erreicht wird. Supraflüssigkeit ist ein der Supraleitung ähnliches Phänomen, bei der Elektronen durch metallische Leiter ohne Widerstand fließen. Die Elektronen als Fermionen müssen sich in den Metallkristallen erst zu Paaren finden (Cooper-Paare), bevor sie den Zustand der Supraleitung verwirklichen können.

Die diatomare Natur einiger M-State-Materialien

Die folgenden Elemente treten in der M-State Form auf. Sie haben jedoch eine ungerade Anzahl von Elektronen und Protonen und müssen, um Supraleiter sein zu können, in Paaren, also diatomar, vorliegen:

Kobalt
Kupfer
Rhodium
Silber
Iridium
Gold

Der M-State Zustand von Gold und anderen Edelmetallen unterscheidet sich vom normalen metallischen Zustand. Die orale Einnahme von M-State-Gold hat andere Wirkungen im Körper, als die von metallenem Gold. Die Ormus Metalle stellen keine Metallbindungen mit Atomen ihrer eigenen Art her, weil die Valenzelektronen nicht vorhanden sind, die für solche molekularen Bindungen erforderlich wären, da die Elektronen bereits in Cooper-Paaren gebunden sind. Wenn Elektronen so gebunden sind, verhalten sie sich eher wie Wellen und weniger wie Teilchen (Welle-Korpuskel Dualität).

Da eine gradzahlige Anzahl Elektronen erforderlich ist, um Cooper-Paare zu bilden, müssen sich Atome mit ungeraden Elektronenzahlen zu Atompaaren zusammenfinden, bevor ihre Elektronen Cooper-Paare bilden können.

Iridium z.B. hat die Ziffer 77 im Periodensystem. D.h. Iridium hat 77 Elektronen. 76 davon könnten Cooper-Paare bilden, aber eines würde übrig bleiben, das immer noch eine Molekülbindung eingehen könnte. Daher verbinden sich 2 Iridiumatome zu einem Atompaar mit nun 154 Elektronen, die sich alle zu Cooper-Paaren zusammenfinden können. Die Kerne dieses Atompaares bilden ebenfalls zusammenhängende Strukturen (Zwillingskerne). Alle bekannten Supraleiter bilden diese Art der Cooper-Paarung.

In einem BEC (Bose-Einstein-Kondensat) verhalten sich diese Zwillingsatome tatsächlich wie nur ein Atom. Sie resonieren mit anderen Diatomen der gleichen Art. Diese resonanzgekoppelte Quantenschwingung ist eine der Definitionen der Supraleitfähigkeit.

Im Verlauf der Anwendung chemische Methoden, um die metallische Form eines Elements in die Ormus-Form zu überführen, sind zunehmend weniger Valenzelektronen verfügbar, die in chemischen Reaktionen genutzt werden könnten. Damit wird die chemische Reaktion immer schwächer. Schließlich sind keine Valenzen mehr übrig und die Reaktion erlischt. Glücklicherweise haben Ormus-Materialien andere Eigenschaften, durch die man sie manipulieren kann.

Da sie Supraleiter sind, können sie gezielt durch Magnetfelder beeinflusst werden. Wenn man sie von magnetischen Einflüssen fernhält, während sie gekocht werden, geht weniger Substanz durch Diffusion durch die Behälterwände oder durch Gasdiffusion verloren.

Sie können auch beeinflusst werden, indem man ihnen eine komfortable „Box" zur Verfügung stellt, in der sie sich „verstecken" können. Die Ormus/BEC-Elemente scheinen enge Räume zu bevorzugen. Ringmoleküle, wie z.B. ein Trinatrium-Ring oder der Diozon-Ring, können so ein chemischer Behälter mit Griffen sein.

Salze und speziell Natrium scheinen Ormus zu stabilisieren. Theoretisch ist dies erklärbar durch ein dreidimensionales Behältnis um das monoatomare Edelmetall herum.

Zusammengefasst: Obwohl die komplett Cooper-gepaarten Ormus-Atome nicht direkt durch chemische Reaktionen manipuliert werden können, werden sie durch eine „chemische Box", in die man sie stecken kann, zu manipulierbaren und labortechnisch erfassbaren Größen.

Diese Elemente sind zwar dieselben wie die Schwermetalle, liegen jedoch nicht im metallischen Zustand vor. Solange ausreichende Mengen der M-State Version des jeweiligen Elements vorhanden sind, leihen sich die metallischen Anteile eine Reihe von Eigenschaften von ihnen aus.

BEC sind dafür bekannt, dass sie durch ansonsten undurchdringliche materielle Barrieren „hindurchtunneln" können. *Professor Brian D. Josephson*, Mitglied der „Theory of condensed Matter" Gruppe am Cavendish Laboratory, Cambridge, erhielt den Nobelpreis für die Entdeckung dieses Phänomens. Dr. Josephson arbeitet momentan am „Mind-Matter Unification Project" (Geist-Materie-Vereinigungs-Projekt)[9].

Ormus und Microtubuli

Andere Physiker arbeiten ebenfalls an Theorien, die Geist und Materie zusammenbringen. Eine ziemlich neue Entdeckung in Biologie und Physik sind gewisse sehr kleine Strukturen in jeder Zelle, die sog. Microtubuli, die bei Körpertemperatur Supraleitfähigkeit und den Tunnelling-Effekt zeigen.

Mehr Information hierzu gibt es auf *Rhett Savages* „Quantum Brain" Website sowie auf *Matti Pitkanens* Seiten[10].

Ein Hauptproblem der modernen quantenphysikalischen Theorien ist, dass es keinen logisch einleuchtenden Weg gibt, die Bose-Einstein-Kondensate, die in kleinen Gruppen von Atomen bei einer Temperatur von einem millionstel Grad über dem absoluten Nullpunkt existieren, mit dem diesen Kondensaten ähnlichen Verhalten der Microtubuli bei Raumtemperatur zu vergleichen. Ormus-Materialien würden diese Verbindung herstellen können.

In Bezug auf Microtubuli wurden von dem Physiker Roger *Penrose* in Verbindung mit *Stuart Hameroff*, einem Anästhesisten, verschiedene moderne Theorien vorgeschlagen.

An dieser Stelle zitiere ich einen anonymen Wissenschaftler, der die Theorien von Penrose und Hameroff sehr elegant erklärt hat:

„Penrose war auf der Suche nach einer besseren Art, die phantastische Rechenleistung des Gehirns zu erklären, und Hameroff war auf der Suche nach einer Quelle für das menschliche Bewusstsein. Die zwei hörten voneinander, kamen zusammen und fanden heraus, dass sie nach einer gemeinsamen Struktur, nämlich den Microtubuli, suchten.

Penrose suchte nach einer Struktur im Gehirn, die in Nanometer-

Größenordnung existierte, weil nur eine so kleine Größe die Quanteneffekte, die er beobachten konnte, möglich machen würden. Hameroff suchte nach einer Struktur, die für das Bewusstsein verantwortlich war. Beide konnten sich einigen, dass die Microtubuli eine solche Struktur darstellen würden."

Microtubuli sind kleinste, röhrenförmige Strukturen innerhalb von Neuronen, z.B. Gehirnzellen, die aus zwei Arten von Tubuli bestehen. Diese zwei Formen können durch geringfügige elektrische Ströme ineinander überführt werden. Penrose hat daraus geschlossen, dass die Tubuli-Einheiten die An- und Ausschalter für die Datenverarbeitung des Gehirns darstellen.

Dieser Vorschlag erlaubt uns zu sein, was wir sind, indem wir unsere mögliche Verarbeitungsrate von inakzeptablen 10 hoch 11 Operation pro Sekunde zu einer akzeptablen Rechengeschwindigkeit von 10 hoch 24 Operationen pro Sekunde erhöhen. Penrose erklärt das alles sehr schön und ich empfehle allen, die ein tieferes Verständnis unseres Verstandes suchen, ihn zu lesen.

Hameroff hat eine Menge Forschung im Bereich des menschlichen Bewusstseins geleistet. Er hat abschließend festgestellt, dass die Microtubuli die Quelle des Bewusstseins sein müssen. Dieser Umstand wird diskutiert und durch Penroses Arbeit unterstützt. Hameroff hat daraus geschlossen, dass die beobachtbaren Quanteneffekte im menschlichen Gehirn durch hochgeordnete Wasserstrukturen innerhalb der Microtubuli verursacht werden. Penrose stimmte diesem Konzept zu und erweiterte es durch die Feststellung, dass die Bose-Einstein-Kondensate in den Neuronen den Mechanismus darstellen, wie wir zu Entscheidungen kommen. Die BEC sind möglich, weil das Wasser in den Microtubuli sehr stark ausgerichtete Strukturen bilden kann, die ein hochtemperiertes supraleitendes Medium darstellen.

Dieses Konzept unterstützt meine eigenen Vorstellungen. BEC stellen auch eine Erklärung für all die Phänomene dar, die wir als Psi, übernatürlich oder paranormal bezeichnen.

Diese beinhalten Telepathie, Remote-Viewing, Bilocation (an zwei Plätzen zugleich sein) Telekinese und Astralreisen. Ein BEC im Broca-Bereich des Gehirns würde Gedanken erlauben, gleichzeitig inner- und außerhalb des Gehirns zu existieren. Dies erklärt sowohl Telepathie als auch die Kontrolle von fremden Gedanken. Ebenso erklärt ein BEC im visuellen Kortex, (der Bereich des Gehirns, der visuelle Eindrücke verarbeitet) das sogenannte Remote-Viewing.

Da Microtubuli in allen Neuronen existieren und diese wiederum in allen Teilen des Körpers vorkommen, würde ein BEC in den Neuronen auch erklären, wie der gesamte Körper an zwei oder mehr Orten zur gleichen Zeit existieren kann und dadurch das Phänomen der Bilocation beleuchten.

Mit dieser Entdeckung können alle Psi-Phänomene in moderne physikalische Begriffe gefasst werden. Das öffnet den Bereich der Psi-Phänomene für wissenschaftlich geschulte Personen, zu denen ich mich zähle, die soviel konventionell-technisches Training hatten, dass es ihnen sonst unmöglich erscheinen würde, Derartiges zu akzeptieren. Durch diese Entdeckung ist meine gesamte formelle Ausbildung in Physik, Chemie und Mathematik immer noch anwendbar und kann sogar helfen, Psi-Phänomene zu erklären. Für mich ist es gut zu wissen, dass diese Wissensbereiche friedlich nebeneinander existieren können."

Mehr Informationen über Psi-Phänomene gibt es auf der Webseite über paranormale Beobachtungen der Orme Atom Strukturen.[11]

In einem wissenschaftlichen Papier mit dem Titel „Orchestrated reduction of quantum coherence in brain microtubules: A model for consciousness" (Orchestrierte Reduktion von Quantenkohärenz in Gehirn-Microtubuli: Ein Modell für Bewusstsein) auf ihrer Website der Universität von Arizona schreiben Hameroff und Penrose:

„Eine kritische Anzahl von Tubuli, die bisher im kohärenten Zustand gewesen sind, kollabiert für 500 Millisekunden ihre Wellenfunktion (Objektive Reduktion: OR). Dieses Verhalten tritt auf, weil die Masse-Energiedifferenz zwischen den überlagernden Zuständen der kohärenten Tubuli die Raumzeit-Geometrie in einer kritischen Weise stört. Um mehrfache Ausprägung des Universums zu vermeiden, muss das System sich auf einen einzigen Raumzeit-Zustand reduzieren. Diesen nennt man im Englischen „Eigenstates".

Hameroff und Penrose schlagen vor, dass das gleichzeitige Sehen oder Wahrnehmen multipler Universen dadurch verhindert wird, dass innerhalb der Microtubuli die Quantenkohärenz eines bisher unbekannten Materials, von dem wir denken, dass es sich hier um M-State-Material handelt, kollabieren muss. Aber was wäre, wenn die Quanten-Kohärenz nicht kollabieren würde und wir tatsächlich Bewusstheit von mehreren Universen gleichzeitig erhalten würden?

Viele zeitgenössische Physiker nehmen an, dass es eine unendliche Anzahl paralleler Universen gibt. Sie theoretisieren, dass Atome aus kleineren Teilen bestehen, die wie Blasen im Quantenschaum herumschwimmen. Diese Blasen im Quantenschaum verbringen einen Bruchteil ihrer Existenz, ihrer Lebenszeit, in jedem dieser parallelen Universen. Es gibt eine ziemlich ausufernde Debatte darüber, ob dabei Informationen zwischen den verschiedenen parallelen Universen übertragen werden oder nicht. Mehr über die Debatte kann man auf den „Gehirntennis"- Webseiten lesen[12].

Das Konzept der multiplen parallelen Universen ist ein immer wiederkehrendes Thema in der Sciencefiction-Literatur seit mindestens 60 Jahren. Es ist auch eines der Schlüsselkonzepte der modernen mystischen Gedankenwelt. Meiner Meinung nach erschien es zuerst als mystisches Konzept in dem Buch „The Unkown Reality" (Die unbekannte Realität) von Jane Roberts, das ihr von der Wesenheit *Seth* 1974 diktiert wurde.

Testmethoden für M-State-Materialien

M-State-Material in der Form „Wet Precipitate" (etwa: „nasses Ausfallprodukt") löst sich in Salzsäure.

M-State-Material in Trockenpulver-Form löst sich in Salzsäure oder in Aqua Regia *nicht*[13]. Da M-State-Materialien Supraleiter sind, können sie durch einen unter einer Schale gefüllt mit Material liegenden rotierenden Magneten beeinflusst werden.

Häufig gestellte Fragen

Von der amerikanischen Webseite

- Wie kann ich an monoatomares, weißes, pulverisiertes Gold herankommen?
- Was ist der Unterschied zwischen Ormus, M-State und Orme?
- Kann das echte, weiße, pulverisierte Gold mir helfen, in spiritueller Hinsicht „aufzusteigen"?
- Welches Produkt ist das beste für mich?
- Gibt es jemanden, der Ormus Material verkauft?
- Was passierte mit David Hudson?
- Wie kann ich mit anderen Personen, die an Ormus interessiert sind, in Verbindung treten?
- Wo kann ich mehr über Ormus herausfinden?
- Gibt es eine Quelle im Internet oder woanders, wo Leute sich über die Verwendung dieser Materialien austauschen?
- Wie kann ich zur Erforschung von Ormus beitragen?
- Gibt es negative Erfahrungen nach der Einnahme von Ormus?
- Gibt es Bücher über dieses Thema?
- Wie kann ich mit dem Autor dieser Seite in Kontakt treten?

Wie kann ich an monoatomares, weißes, pulverisiertes Gold herankommen?

Es konnte bisher nicht schlüssig bewiesen werden, ob das neue Material, das David Hudson entdeckte, monoatomarer Natur ist oder nicht. Manche seiner Eigenschaften lassen einige Wissenschaftler darauf schließen, dass es in diatomarer oder multiatomarer Form vorliegen muss.

Da die Gruppe der Ormusforscher, zu der ich mich zähle, dem fortlaufenden wissenschaftlichen Untersuchungsprozess nicht vorgreifen möchte, haben wir beschlossen, diese Materialien nicht monoatomar zu nennen. Stattdessen nennen wir sie M-State- oder Ormus-Materialien. Das „M" in M-State steht entweder für monoatomar, für Mikrocluster oder Manna. Eine wissenschaftliche Ausführung, warum diese Elemente nicht monoatomar genannt werden sollten, kann man im Web lesen[14].

Wie es aussieht, hat David Hudson den Begriff „White Powder Gold" (weißes pulverisiertes Gold) als Überbegriff für alle Edelmetalle in ihrer M-State Form gewählt. Hudson konnte nie sehr viel von dem Gold selbst herstellen, da die Erzquelle, die er verwendete, sehr wenig Gold enthielt.

Einer von David Hudsons Arbeitskollegen führte eine 41-Tage-Fastenkur durch, während er ein Pulver einnahm, das aus verschiedenen M-State-Materialien bestand und weniger als 1% Gold enthielt. Die psychischen Folgen waren dramatisch. Auf sie wird weiter unten näher eingegangen. Momentan nehmen die meisten Experten einschließlich Hudson an, dass M-State-Materialien, wenn sie getrocknet und in Pulverform vorliegen, für den Körper sehr viel schwieriger aufzunehmen sind als in flüssiger Form.

Es ist möglich, M-State-Materialien flüssig in relativ reiner Form zu erwerben. Viele Leute, die das M-State Gold für eine Weile zu sich genommen haben, mögen es aus verschiedenen Gründen nicht. Einige hatten das Gefühl, dass es sie lethargisch macht. Andere wiederum meinten, dass es sie so sehr in den Moment, in das „Hier und Jetzt" hineinzwingt, dass sie nicht mehr in der Lage sind, sich um wichtige und lebensnotwendige Dinge zu kümmern. Ein Langzeitanwender ist sogar der Meinung, dass das M-Gold ihn in seiner momentanen Verfassung festhält, was immer das für ihn bedeuten mag.

Die einfachste Methode, um an M-State-Gold heranzukommen, ist es, die weiter unten beschriebene *feuchte Methode* anzuwenden, unter Verwendung von Salz aus dem Toten Meer in gelöster Form als Ausgangssubstanz. Das daraus resultierende Material soll 70% M-Gold und 30% Magnesium enthalten.

Hier eine Übersicht über den prozentualen Anteil von M-State-Elementen in verschiedenen Meeren:

Quelle	Gold	Rhodium	Iridium	Magnesium
Totes Meer	70%	-	-	30%
Salzsee	19%	30%	5%	46%
Pazifik	8 –14%	30%	6 – 9%	?

Die beste Methode, um an M-State-Materialien heranzukommen, ist, sie selbst herzustellen. Die notwendigen Schritte werden später noch ausführlich beschrieben.

Was ist der Unterschied zwischen Ormus, M-State und Orme?

Diese drei Begriffe beschreiben dieselbe Substanz, entstanden aber in verschiedenen Zusammenhängen und Situationen.

Wie man das weiße Ausfallprodukt herstellt, lernte ich am 18. Mai 1997 von einer Person, die ich den *Essener* nennen möchte. Er nannte alle weißen Pulver, egal aus welcher Quelle sie stammten, M-State. Diese Quellen beinhalteten unter anderem weißes Pulver, das mit Hilfe der feuchten Methode aus Meerwasser oder aus dem gelösten Salz des Toten Meeres gewonnen wurde, oder auch durch das Verbrennen von Natrium, metallischem Gold und schwarzem Sand. Ebenso nannte er die Produkte, die David Hudson herstellt, M-State, und als ich ihm von dem Ormus erzählte, das jemand mit Hilfe von Ozon herstellte, nannte er auch dieses M-State-Material.

Kurz vor meinem ersten persönlichen Treffen mit dem Essener veröffentlichten wir eine private Email-Liste zum Bewerten und auch Publizieren verschiedener Ormus Herstellungsmethoden. Die ca. 60 Mitglieder dieser Gruppe einigten sich auf folgende Namensgebung und Bezeichnung in Bezug auf Ormus und Ormus-Herstellungsmethoden. Dieser Prozess dauerte fast ein Jahr und wurde erst nach vielen Diskussionen in die Wege geleitet.

Da Hudson der Patentinhaber und gleichzeitig auch der Entdecker dieser Elemente ist, empfehlen wir, zu deren Klassifizierung die Begriffe Ormus und M-State zu benutzen.

Damit bezwecken wir, sowohl Hudson als auch den Essener zu ehren, die beide diese beiden Begriffe ursprünglich ins Leben gerufen haben.

Dagegen empfehlen wir, den Begriff Orme, der für „Orbitally Rearranged Monoatomic Element" steht, nicht zu benutzen, denn es gibt keine wissenschaftlich handfesten Beweise dafür, dass diese Materialien monoatomar sind oder dass ihre Elektronenorbits neu geordnet wurde, sie also „orbitally rearranged" sind.

Kann das echte weiße pulverisierte Gold mir helfen, in spiritueller Hinsicht „aufzusteigen"?

Häufig tritt die Frage auf, ob das echte White Powder Gold (weißes pulverisiertes Gold) als eine Art „Erleuchtungspille" wirken kann. Definition einer Erleuchtungspille wäre, dass man von ihr sozusagen sofort in einen erleuchteten, transzendenten Zustand versetzt wird, in der man in der Lage ist, Gott zu sehen.

Der Glaube an eine Erleuchtungspille scheint in einem elementaren Glauben verwurzelt zu sein, dass Erleuchtung von außerhalb des eigenen Selbst kommen könnte. Und dieser Glaube wiederum ist fast identisch mit dem, dass jemand anderes, also eine Instanz außerhalb von mir, für die Probleme, die ich habe, verantwortlich sein könnte.

Lasst uns als Alternative dazu für einen Moment annehmen, dass die Ormus-Elemente die Verbindung zur Geistwelt verstärken können. Lasst uns weiterhin annehmen, dass wir alle jederzeit verantwortlich sind für alles, was uns geschieht und jemals geschehen ist. Stellen wir uns vor, wir sind vollständig verantwortlich für jegliches Geschehen, ob wir es mögen oder nicht.

Falls die Ormus-Elemente eine Verbindung zwischen der Geistwelt und der Materie darstellen, dann könnten sie ungefähr so funktionieren, wie die Luft, die eine Verbindung zwischen der Sprache und dem Gehör darstellt. Ich kann sprechen, und wenn die Luft dick genug ist, um Leben zu ermöglichen, dann kannst du hören, was ich sage.

In Meereshöhe ist die Luft dicker als auf dem Gipfel eines Berges. Meine Stimme wird sich langsamer fortbewegen. Je dichter eine Substanz ist, desto langsamer wird sich ein Ton (longitudinal) durch sie hindurch bewegen. Ormus fungiert in diesem Kontext wie ein sehr dünnes Medium, in dem Gedanken und Gefühle schneller als gewöhnlich transportiert werden.

Stell dir nun einmal vor, du stündest an der Kante des Grand Canyon. Du rufst irgendein Wort, und ein paar Sekunden später kommt das Echo zu dir zurück. Dies überrascht dich, denn du hast den Eindruck, dass jemand anderes in deiner Nähe dir etwas zurufen würde und noch dazu das gleiche, was du gerade gerufen hast. Vielleicht hast du gerufen „Ich liebe dich" oder auch „Ich hasse dich".

Der Grand Canyon ist so groß, dass das Echo relativ spät eintrifft. So erscheint es dir, als wenn das Echo, das du hörst, von jemand anderem kommen würde. Wenn du die Worte „Ich liebe dich" hörst, so fühlst du dich gut, wenn du jedoch die Worte „Ich hasse dich" hörst, so kannst du dich erschrecken, vor allen Dingen, wenn du davon ausgehst, das diese Worte von jemand anderem gesprochen wurden.

Wenn die Ormus-Elemente ein Kommunikationsmittel zwischen unserem Verstand (oder Mind) und dem Spirit (oder dem Allgeist) sind, dann würden sie uns das Echo all dessen zurückbringen, was wir selbst denken, aber eben sehr viel schneller als es gewöhnlich der Fall ist.

Stelle dir vor, du hast zwei Türklingeln. Eine dieser Klingeln klingt sehr schön und die andere klingt fürchterlich. Die Türklingel mit dem schöneren Klang zieht glückliche Kinder an, während die fürchterlich klingende gewalttätige, bösartige und kriminelle zu deiner Tür zieht.

Jetzt stell dir weiterhin vor, dass die Türklingel mit dem schöneren Klang immer dann betätigt wird, wenn du an etwas denkst, was du gerne haben möchtest. Die Klingel mit dem schrecklichen Ton würde immer dann betätigt, wenn du an etwas denkst, was du auf gar keinen Fall haben möchtest. Was würde passieren, wenn die Luft, die den Ton dieser Klingeln transportiert, plötzlich dünner werden würde? Was würde passieren, wenn sie extrem dünn werden würde, so dass jeder Gedanke fast sofort als das manifestiert wird, an was du gerade gedacht hast?

Ich gehe davon aus, dass es genau das ist, was mit Ormus passiert, insbesondere mit dem guten Material. Ich nehme an, dass es die Resonanz unserer Gedanken und Glaubenssätze als Echo zu uns zurückbringt und ihre Manifestation fördert. Falls das zutrifft, dann gibt es einen einfachen Weg, um festzustellen, ob du für das gute Material „bereit" bist.

Zuerst untersuche dein Leben. Passieren Dinge, auf die du wirklich überhaupt keine Lust hast? Wirst du glücklicher, falls diese Dinge noch intensiver und noch schneller zu dir zurückkommen würden? Und überprüfe auch, wie häufig die Dinge, die du wirklich willst, tatsächlich passieren. Wenn du morgens aufwachst, denkst du an den kommenden Tag mit Freude und voller Erwartung oder hast du ein schlechtes Gefühl im Magen, wenn du daran denkst, dass du jetzt zur Arbeit gehen musst? Welche Türklingel schellt bei dir am Morgen?

Deine Glaubenssätze sind Gewohnheiten und diese kann Ormus nicht ändern. Dein freier Wille wird durch Ormus weder beeinflusst noch genommen. Es fördert nicht deine Gedanken an die Dinge, die du möchtest, oder hindert dich daran, an das zu denken, was du auf keinen Fall haben willst. Bei jedem Gedanken, den du erzeugst, hast immer die freie Wahl, welche Türklingel du drücken möchtest. Bist du sicher, dass du immer nur an deine Engel und nie an deine Dämonen denkst? All das, woran du denkst in deinem Leben, wird sich manifestieren, und diese Manifestationen werden durch Ormus nur beschleunigt.

Welches Produkt ist das Optimale für mich?

Da du dich laufend veränderst, kann das Produkt, das heute für dich das beste ist, schon morgen oder im nächsten Jahr nicht mehr optimal für dich sein.
Jeder von uns ist verschieden.
Es gibt kein einzelnes Produkt, das für alle optimal wäre. Einige Produkte sind für bestimmte Bedingungen besser als andere, aber zu dieser Zeit wissen wir nicht, welches für welche Bedingungen das beste wäre.
Eine Möglichkeit, es für dich zu finden, ist, Verschiedenes auszuprobieren. Finde jemanden, der kinesiologische Muskeltests beherrscht und lass dich für die verschiedenen Produkte testen.

Im Internet gibt es viele Newsgroups und Foren, in denen die Wirkung der Produkte diskutiert wird. Sie können dir bei der Auswahl behilflich sein.

Gibt es jemanden, der Ormus Material verkauft?

Falls du, aus welchen Gründen auch immer, nicht dein eigenes Ormus herstellen kannst, so gibt es verschiedene Quellen für käufliche Produkte im Internet.

Die letzte Information über David Hudson und seine Herstellungsverfahren stammt aus dem Jahre 1996. Was ist seitdem mit David Hudson und seinen Plänen geschehen?

Mr. Hudson produziert im Moment kein Ormus. Es ist fraglich, ob er es jemals wieder tun wird. David Hudson hatte verschiedene Probleme damit, seine Ormus-Produktion in Gang zu setzen. Im Sommer 1998, als seine Fabrik ein fünftägigen Testlauf absolvierte, bekam ein Salpetersäuretank ein Leck. Zum Glück stand dieser Tank in einem Betonauffangbecken, so dass die Umwelt nicht geschädigt wurde. Unglücklicherweise reagierte das Notfallteam der Feuerwehr falsch, da sie Löschschaum auf die Säure sprühten. Daraus entstand eine orangefarbene Säurewolke, die sich in der Gegend verbreitete. Mehrere hundert Menschen mussten daraufhin evakuiert werden.

Hudson wurde mit einer Geldstrafe belegt und gezwungen, die Produktion einzustellen. Es wurde ihm nahegelegt, seine Fabrik an einem anderen Ort zu errichten.

Kurz danach hatte Hudson eine Herzattacke. In einer Operation wurden ihm sechs Beipässe gelegt. Nach dieser Operation hatte er noch andere verschieden Herzprobleme, aber jetzt scheint es ihm wieder gut zu gehen.

(Anmerkung des Übersetzers: Da Hudson Ormus einnahm und dies Herzstörungen eigentlich verhindert, erscheint ein Fremdverschulden nicht ausgeschlossen. Die diversen amerikanischen Geheimdienste nutzen zur Beseitigung unliebsamer Personen gern Gifte, die Herzversagen vortäuschen.)

Seine Fabrik war nicht produktionsbereit und die Verspätung kostete ihn ständig Geld. Dies stellte einen weiteren Rückschlag für ihn dar.

Es blieb ihm nur noch, die Fabrik in eine korrekte, für solche Produktionsarten zugelassene „zoned Area" (für bestimmte Industrie erlaubte Zone) zu verlegen.

Im November 2000 verschickte er seinen letzten Newsletter mit der Überschrift: „enough is enough" (genug ist genug).

In diesem Newsletter macht er deutlich, dass behördliche Maßnahmen die Weiterführung der Fabrik praktisch unmöglich machen.

Sein letzter öffentlicher Auftritt war im Dezember 1999 in Dallas. Dieser Auftritt wurde von der inzwischen nicht mehr existenten New-Age-Firma „Eclectic Viewpoint" auf Video aufgenommen. Dieses Video kursiert im Internet als Download und war auch bei Youtube für eine Weile zu sehen.

Wie kann ich mit Menschen in Kontakt kommen, die sich für Ormus Material interessieren?

Es gibt verschiedene E-Mail-Listen und Diskussionsforen im Internet. Das M-State.de-Forum ist das einzige mir bekannte deutschsprachige (bis auf eine praktisch tote deutschsprachige Yahoo-Liste).

Die größte internationale Liste findest du bei Yahoo[15].

Wie kann ich mehr über Ormus herausfinden?

Eine grundsätzliche Beschreibung der Ormus-Elemente kannst du auf der Website M-State.de finden. Es sind die von Barry Carter in englisch verfassten Seiten in deutscher Übersetzung.

Einen interessanten und gut bebilderten Artikel von Barry auf Englisch findest du unter dem Titel „Ancient Puzzles"[16].

Gibt es Berichte von Menschen, die dieses Material benutzt haben?

Du kannst eine Anzahl solcher Berichte auf Englisch im Web finden[17].

Wie kann ich zur Ormus Forschung beitragen?

Es gibt viele Möglichkeiten zu helfen. Eine ist, die Webseite von Barry finanziell zu unterstützen, eine andere, im Forum deine eigenen Ormus Erfahrungen schriftlich niederzulegen.

Falls du einen finanziellen Beitrag leisten möchtest, tritt mit Barry über diese Email Adresse in Verbindung: *sumro@zz.com*

Jeder, der Ormus selbst verwendet, ist in der großartigen Situation, zur weiteren Erforschung und zum weiteren Verständnis dieser Substanz beizutragen. Die einfachste Methode wäre, deine Erfahrung schriftlich niederzulegen.
Die besten Erfahrungsberichte beinhalten „vorher/nachher" Fotos von Menschen, die aufgrund körperlicher Probleme Ormus genommen haben. Ich würde mir wünschen, dass mehr Leute solche Fotos anfertigen. Hier sind einige der besten Dokumentationen in fotografischer Form, z.B. die Zahnreparatur

Abb. 1: Zahnmaterial wächst nach

und der Bart.

Abb. 2: Ergrauter Bart wird dunkler

Ohne das „vorher" Bild verliert das „nachher" Bild den Eindruck, den es machen könnte.

Ich wünschte mir auch, ich hätte ein „vorher" Bild von den Händen, die hier beschrieben sind:

Abb. 3: Hände – nachher

Zu diesem Bild bekam ich folgende Nachricht: „Meine Hände waren wie Klauen gekrümmt und es war unmöglich, sie flach zu legen. Sie waren auch ständig voneinander weg gespreizt durch Kalzium-Ablagerungen in den Gelenken, die die Finger in seltsame Positionen zwangen. Zusätzlich zum schrecklichen Aussehen kamen auch ständige Schmerzen. Ich kann meine Hände jetzt flach hinlegen, und die Finger der rechten Hand sind in der Lage, sich gegenseitig zu berühren."

In diesem Fall wäre ein „vorher" Bild weit mehr wert gewesen als 67 Wörter.
Ich hatte diese spezielle Person gebeten, ein „vorher" Bild anzufertigen, aber sie hat es immer wieder verschoben, denn sie hat nicht damit gerechnet, das sich so schnell Veränderungen einstellen würden und den richtigen Zeitpunkt verpasst.

Die folgende Liste zeigt möglichen Veränderungen durch Ormus-Einnahme:
Es wäre sehr hilfreich, wenn diese Punkte durch Fotografien und schriftliche Niederlegung vor der Einnahme dokumentiert werden könnten.

- Fertige eine Liste aller deiner gesundheitlichen Probleme. Lasse dich von einem Mediziner durchchecken, um diese Liste zu bestätigen.

- Fotografiere die Körperteile, die sich durch Ormus-Einnahme möglicherweise verändern können. Die folgenden Bereiche sind insbesondere hervorzuheben:
  a. - Das Gesicht mit Nahaufnahmen von Falten und Gewebeschwächen.
  b. - Haarfarbe, eine gute Nahaufnahme des Haares, der Farbe und der

Konsistenz des Haares.

c. - Eventuelle Glatzenbildung und Dicke der Haare.

d. - Beide Seiten deiner Hände.

e. - Hautveränderungen wie z.B. Schuppenflechte oder vorhandene Narben.

f. - geschwollene Finger und/oder Gelenke; Knie-, Ellbogen- und Hand-gelenke.

g. - Abgebrochene oder in irgendeiner Weise beschädigte Zähne, sowie Löcher in den Zähnen.

h. - Ein gutes Foto der Wirbelsäule von hinten und von der Seite, das evtl. Wirbelsäulen- Verkrümmungen gut aufzeigt.

i. - Ein Ganzkörperbild im Profil von vorne und von hinten.

Die letzten drei Bilder würden Hüftdrehungen sowie unterschiedliche Länge von Armen oder Beinen sowie allgemeine Haltungsprobleme besonders gut darstellen. Sie sollten mit möglichst wenig Kleidung aufgenommen werden. Frauen können auch noch ihre Brüste so foto-grafieren, dass man die Größe sieht und den Zustand der Straffheit. Sowohl Größe als auch der Zustand der Straffheit haben sich unter Or-mus-Einnahme verändert.

- Stelle eine Umrisszeichnung deiner Füße und Finger dar. Einige Leute haben berichtet, dass ihre Finger und Füße gewachsen sind.

- Miss deine Körpergröße. Dies sollte unmittelbar nach dem Aufstehen am Morgen geschehen, da man zu diesem Zeitpunkt am größten ist. Manche Menschen verlieren bis zu 5 cm Körpergröße im Verlaufe des Tages. Einige Leute haben von Größenveränderungen berichtet. Eine Frau berichtete, sie wäre ca. 10 cm gewachsen und das in einem Alter von 53 Jahren.

- Miss den pH-Wert deines Urins am Morgen und unmittelbar vor dem Schlafengehen, und das für eine Woche, bevor du mit der Einnahme von Ormus beginnst.

- Dokumentiere die Farbe und den Geruch des Urins.

- Dokumentiere Veränderungen des Stuhlgangs.

- Dokumentiere Veränderungen deiner Wahrnehmung von Geräuschen, wenn es ruhig ist. Viele Leute berichteten darüber, dass sie einen Ton im

Inneren ihres Kopfes hören können, nachdem sie Ormus eine Weile benutzt haben. Dieser Ton wird „Hu" oder „Nada" genannt. Notiere Veränderungen in der Frequenz, der Intensität und der Art dieses Tones. Ich kann immer einen hohen Ton im Bereich von 11.000 Hz hören, und gelegentlich höre ich einen zirpenden Ton in meinem rechten Ohr. [18]

- Dokumentiere Veränderungen bei Zahnschmerzen, neu wachsenden Zähnen, Ausrichtung der Zähne, das Füllen von vorhandenen Löchern oder andere Veränderungen deiner Zähne.

- Frauen sollten dokumentieren, ob und wie sich ihre Periode verändert.

- Dokumentiere Veränderungen in deinen Reaktionen auf sexuelle Reize und die Intensität der Orgasmen.

- Einige Leute haben beobachtet, dass es einfacher ist, Gewohnheiten aufzugeben, wie Rauchen oder generell Drogen zu konsumieren. Alle Veränderungen in diesem Bereich sollten ebenfalls dokumentiert werden.

- Eine Haaranalyse zeigt Mineralmangel im Körper auf. Eine solche Analyse vor und nach der Einnahme von Ormus wäre sehr hilfreich.

- Bluttests können alle möglichen Parameter in der Körperchemie aufzeigen. Selbstverständlich wären ein Bluttest vorher und nachher ein guter Indikator für die Wirksamkeit von Ormus.

- Falls irgendjemand weitere Informationen zu Ormus hat, dann sende er sie bitte per E-Mail an mich. Ich werde sie in diese Liste einfügen.

Falls du dich von dieser langen Liste überfordert fühlst, wähle nur die Aspekte, zu denen du dich natürlicherweise hingezogen fühlst und die du gerne tun würdest. Es ist immer besser, wenig zu tun, als gar nichts.

Wurden jemals Neben- oder nachteilige Effekte durch die Einnahme von Ormus festgestellt?

Auf der *SubtleEnergies* Webseite wurde darüber berichtet, dass in seltenen Fällen unangenehme Effekte auftraten, die mit der Einnahme von Ormus verbunden werden könnten. Die meisten dieser unangenehmen Effekte können wie folgt erklärt werden:

Zuerst einmal scheint Ormus die Entgiftung des Körpers zu fördern. Das passiert zuerst auf Zellebene. Dadurch, dass die Giftstoffe erneut in den Blutkreislauf gelangen, können sie Symptome auslösen. Diese können ähnlich wie jene sein, die zum Zeitpunkt der Aufnahme dieser Gifte aufgetreten sind. In der Regel verschwinden die Symptome innerhalb kurzer Zeit. Sie treten zudem weniger intensiv auf, als zum Zeitpunkt ihres ersten Auftretens. Es wird auch berichtet, dass sie in der umgekehrten Abfolge auftreten. Dieser Prozess wird auch Heilungskrise genannt.

Da hauptsächlich die Leber und die Nieren dafür verantwortlich sind, Gifte aus dem Körper und aus dem Blutkreislauf zu entfernen, ist es besonders wichtig, diese Organe vor Einnahme von Ormus zu unterstützen. Am einfachsten ist es, viel Wasser zu trinken oder sogar eine spezielle Leberreinigungs-Kur durchzuführen. Nach meiner Erfahrung haben jedoch relativ wenig Menschen ernsthafte Probleme mit dieser Reinigungsphase.

Bei einigen Menschen kann die zunehmende Entfernung von Schadstoffen aus dem Körper zu Verstopfungen führen. Hier hilft die relativ große Menge von Magnesium in Ormus Mischungen, die aus Meerwasser gewonnen werden. Magnesium ist ein leichtes Abführmittel. Außerdem ist es nützlich für die vielen Menschen, die an Magnesium-Mangel leiden.

Der Entgiftungsprozess kann auch zu Müdigkeit und Abgeschlagenheit führen. Der Essener hat beobachtet, dass einige Menschen sehr viel schlafen, nachdem sie Ormus genommen haben und sobald sie erwachen, alles in sich hineinfuttern, was sie erreichen können. Wir nehmen an, dass der Körper zunehmend ATP (Adenosin-Tri-Phosphat, die „Energiewährung" des Körpers) braucht, um die Heilungskrise zu bewältigen. Einige Anzeichen deuten darauf hin, dass Müdigkeit und Abgeschlagenheit durch Vitamin B, speziell Vitamin B12 und durch die Aminosäure Kreatin abgemildert werden kann.

Es wurde beobachtet, dass Ormus wesentlich stärker wirkt, wenn sich der Körper in einem alkalischem, also einem basischen Zustand befindet. Einige Ormus-Produkte und speziell solche, die große Mengen an Magnesium und Kalzium enthalten, helfen bei diesem Prozess. Die meisten Menschen, die eine westliche Diät zu sich nehmen, sind jedoch leicht sauer eingestellt. Verschiedene Faktoren und nicht nur die Ernährung, bestimmen, ob der Körper alkalisch oder sauer ist. Mehr Informationen dazu findet man mit Hilfe von Google im Internet.

Abschließend hat David Hudson festgestellt, dass bestimmte chemische Verbindungen die Ormus-Elemente in ihre metallische Form zurückführen. Viele der Ormus-Elemente sind in ihrer metallischen Form jedoch giftig. Einige dieser Substanzen sind Sulfite (SO_3), Kohlenstoff, Kohlenstoffmonoxid und Stickoxid. Es ist daher sinnvoll, Nahrungsmittel und Lebensumstände zu vermeiden, mit denen diese chemischen Substanzen eingenommen werden. Es gibt Hinweise darauf, dass die hinreichende Einnahme von Vitamin B12 eine Rückführungsreaktion verhindert oder zumindest vermindert.

Gibt es Bücher über Ormus?

Siehe Anhang A: Die Liste englischsprachiger Bücher

Fragen von der deutschen Webseite

- In aller Kürze: Was ist Ormus?
- Soll ich Ormus einnehmen?
- Wenn ja - wie viel und wie oft und kann ich es überdosieren?
- Gibt es deutschsprachige Literatur zu dem Thema?
- Kann ich Ormus selbst herstellen?
- Woher kommt das Ormus, das ich anbiete?

In aller Kürze: Was ist Ormus?

ORBITALLY REARRANGED MONOATOMIC ELEMENTS, Ormes, Ormus oder M-State (= monoatomarer Zustand) Elemente bezeichnen eine Ende der 80er Jahre entdeckte neuartige Zustandsform bekannter, meist metallischer Elemente.
Von diesen wurde aufgrund ihres chemischen und physikalischen Verhaltens angenommen, dass sie kein Valenzelektron zur Verfügung stellen und deshalb keine Bindungen eingehen, also monoatomar vorliegen.
Inzwischen wurde diese Interpretation des chemisch/physikalischen Verhaltens angezweifelt, der Name blieb aber erhalten.
Einige Elemente aus der Substanzgruppe zeigten in reinster Form (als weißes Pulver) erstaunliche und bis dato unerklärliche Eigenschaften, wie Gewichtsabnahme bei Erhitzen, blitzartige hitzelose „Verbrennung" unter starkem Sonnenlicht, sowie Supraleitung bei Zimmertemperatur.
Unmodifiziert funktionieren herkömmliche Nachweismethoden nicht, weshalb es nicht trivial ist, mit Ormus qualitative und quantitative Analysen durchzuführen.
Es gibt viele Hinweise auf die generelle Förderung unspezifischer Lebensprozesse, z.B. Pflanzenwachstum (schneller & größer), Heilung von Verletzungen (im Tierversuch: Glieder und Zähne wachsen nach), Heilungen degenerativer Erkrankungen wie Krebs und AIDS, auch im fortgeschrittenen Stadium. Zusätzlich wird von der Anhebung des (spirituellen) Bewusstseins berichtet.
Nach anfänglichen, gut dokumentierten klinischen Erfolgen wurde die offizielle Forschung jedoch eingestellt.

David Hudson, der Entdecker dieser Substanzgruppe und Inhaber vieler internationaler Patente bezüglich der Extrahierung und Anwendung, wurde bei dem Versuch mittels privater (hauptsächlich seiner eigenen) Gelder eine Fabrik aufzubauen von der Regierung seines Landes mit extrem fragwürdigen Mitteln in den Ruin getrieben.

Er hat sich aus der Ormus Forschung zurückgezogen und sein Aufenthaltsort ist derzeit unbekannt. Weltweit ist jedoch eine Grasswurzelbewegung entstanden, die die verwaisten Patente nutzt und eigene freie Verfahren zur Ormus-Gewinnung entwickelt hat. Deren Anwendung, die Ormus Wirkungen usw. werden im Internet extensiv in verschiedenen Yahoo-Gruppen diskutiert. Der Amerikaner Barry Carter kann zurzeit wohl als die Leitfigur dieser Bewegung betrachtet werden.

Soll ich Ormus einnehmen?

Die Antwort muss hier aus juristischen Gründen in Deutschland „nein" lauten[19]. In Deutschland ist Ormus weder als Nahrungsergänzung noch als Arzneimittel zugelassen, ist aber auch nicht explizit verboten. Soweit mir bekannt ist, wird es total ignoriert und wohl auch nicht verstanden, da es mit den Mitteln der heute anerkannten Naturwissenschaft nur schwer nachzuweisen ist. Wer es dennoch oral zu sich nimmt, tut dies auf eigene Verantwortung.

Die von mir als kollegiale Hilfe für Privatforscher zur Verfügung gestellten wässrigen Ormus Konzentrate dienen der Forschung mit dieser Substanzgruppe und sollten zu Testzwecken nur Tieren oder Pflanzen verabreicht werden.

Wenn ja - wie viel und wie oft und kann ich es überdosieren?

Mit David Hudson arbeitende Ärzte haben in den 90er Jahren Krebs- und AIDS-Patienten täglich bis zu 100 mg „White Powder Gold" gespritzt (ob IV oder IM ist mir nicht bekannt), das ist sehr viel. Hudsons Berichte beziehen sich überwiegend auf die positiv verlaufenden Fälle. Nur in einigen wenigen Fällen soll die Behandlung keine Wirkung gezeigt haben. Von negativen Auswirkungen wird nicht berichtet. Es ist mir aus der gesamten Literatur zu dem Thema nur ein Fall von dauerhaft schädlicher Überdosierung bekannt. In diesem Fall hatte der Proband täglich erheblich mehr zu sich genommen und zudem noch über 40 Tage gefastet. Die Wirkung war dramatisch, beschränkte sich jedoch, soweit ich mich erinnere, auf den psychischen Bereich.

Hier wurde zudem pulverförmiges Ormus verabreicht (zumeist Iridium und andere Elemente aus der Platingruppe), das nach allgemeiner Erfahrung der Ormus-Diskussionsgruppen weitaus unharmonischer wirkt. Flüssiges Ormus ist ein weitspektrum-Gemisch, das anscheinend harmonischer auf den Organismus wirkt. Außer Schwindelgefühl, Ohrensausen und gelegentlichem leichten Durchfall ist mir kein Fall erheblicher negativer Nebenwirkung bekannt. Diese unerwünschten Effekte klingen meiner Erfahrung nach binnen kurzer Zeit ab.

Persönlich trinke ich inzwischen (Mitte 2008) ca. 15 Liter pro Monat, nachdem ich seit fast 3 Jahren regelmäßig Ormus zu mir genommen und die Dosis langsam erhöht habe.

Ein „Anfänger" sollte mit 20-30% dieser Menge auskommen. Die Einnahmemenge ist nach meiner Erfahrung auch abhängig vom Alter des Probanden, je älter desto höher ist die wirksame Dosis. Dies gilt für die Mischung, die ich selbst herstelle und auch für die, die ich aus den USA bezogen habe. Jeder Hersteller konzentriert anders und wie bei allen Naturprodukten ist die Konzentration nicht konstant, sondern schwankt z. T. erheblich von Herstellung zu Herstellung.

Gibt es deutschsprachige Literatur zu dem Thema?

Meines Wissens nicht (außer diesem Buch natürlich). Aber die in Englisch erschienenen sind m. E. auch nicht besonders nützlich. Es wird entweder auf hochesoterische alchemistische Texte eingegangen oder wild historisch spekuliert. Das verkauft Bücher, nützt aber nicht dem Forscher. Wenn Barry Carter ein Buch schreibt, wird es das erste sein, das ich empfehlen werde, weil es voraussichtlich nützliche Informationen ohne zuviel esoterischen Überbau enthalten wird.

Kann ich Ormus selbst herstellen?

Strenggenommen nein, man kann es nur extrahieren bzw. konzentrieren. Das geht recht einfach und wird ja auch von all den Ormus Anbietern im Internet praktiziert. Ich habe die etwas älteren Anweisungen von Barry Carters Seiten für Ormus-Pulver übersetzt, finde sie aber nicht sehr ermutigend.

Ich persönlich würde kein pulverförmiges Ormus herstellen wollen, sondern das in dem richtigen Wasser und geeigneter Salzsole reichlich vorhandene konzentrieren. Wenn man Zugang zu einer guten Quelle hat, ist es noch nicht einmal besonders schwer. Die Bauanleitungen für sog. „magnetische Fallen" auf Barrys Seiten sind sehr gut dargestellt und erfordern nur mittelmäßige bastlerische Fähigkeiten, ein Beispiel ist hier im Buch beschrieben (siehe Anhang).

Die Teilelisten sind für den US-amerikanischen Markt gedacht. Aber mit etwas Phantasie und Geduld lässt sich das bestimmt auf unsere Maßeinheiten ummünzen. Falls sich jemand die Mühe macht, möchte ich unbedingt davon erfahren.[20]

Woher kommt das Ormus, das ich anbiete?

Es kommt aus einem ca. 300 m tiefen Brunnen nördlich von Hamburg. Es ist dasselbe Wasser, das die Stadt Hamburg für einen großen Teil ihrer Trinkwasserversorgung nutzt. Es wird durch eine sog. 3-Stage Magnetic Vortex Trap (3-Stufen-magnetische Wirbelfalle) konzentriert. Die Gegend im Süden Hamburgs ist „Endmoränenland". Dort liegen unter der Lüneburger Heide riesige Vorräte an uraltem und vermutlich relativ ormusreichem Gletscherwasser, das von den am Ende der Eiszeit abgetauten Gletschern stammt.

Leider wird das Wasser auf seinem Weg in die Stadt durch kilometerlange Rohre geleitet, die den Ormusanteil verringern.

Chemische Herstellungsmethoden

Bevor du die in diesem Dokument aufgeführten Versuchsanordnungen und Aufbauten ausprobierst, empfehlen wir dringend, das gesamte Dokument komplett und mehrfach durchzulesen.

Dieses Dokument wurde von einer Gruppe von Menschen zur Verfügung gestellt, die überzeugt sind, dass es von unschätzbarem Wert für die gesamte Menschheit ist, und dass es soweit wie möglich allen Menschen zugänglich gemacht werden sollte. Die Informationen, die hier zur Verfügung gestellt werden, sind in der „public Domain", d.h. sie sind nicht Eigentum einer Person oder Gruppe, sondern stehen allen Menschen zur Verfügung.

Im Folgenden werden einige einfache Ormus Herstellungsverfahren beschrieben, um den Leser in die Lage zu versetzen, mit wahrer wissenschaftlicher und intuitiver Arbeit über diese Materialien zu beginnen.

Die Methoden sind experimentell. Die Informationen wurden zur Verfügung gestellt, um wissenschaftliche Forschungen an Ormus zu fördern. Obwohl alle beschriebenen Methoden nach bestem Wissen und Gewissen dem heutigen Stand unserer Kenntnisse entsprechen, werden wahrscheinlich weitere wissenschaftliche Forschungen einige dieser Prozesse und Beschreibungen als falsch oder teilweise falsch erkennen lassen.

Haftungsausschluss

Die hier beschriebenen Prozesse und Vorgänge sind nicht alle ausgiebig getestet worden. Wir geben keinerlei Garantien ab, dass die beschriebenen Vorgänge zu ihren beschriebenen Ergebnissen führen. Die Verwendung dieses Materials geschieht ausschließlich auf eigenes Risiko. Unter keinen Umständen sind die Autoren (oder der Übersetzer) in irgendeiner Weise gegenüber irgendeiner Person oder Institution, staatlicher oder sonstiger Art, verantwortlich für die Folgen der Verwendung der beschriebenen Arbeitsmethoden. Die Verwendung erfolgt zu 100 % auf eigene Verantwortung.

Die Materialien, die mit den beschriebenen Methoden hergestellt wurden, sind von einem unabhängigen Labor getestet worden. Dieses Labor verwendete Röntgenfluoreszenz und Fotospektrometrie, um die Emissionsspektren der M-State-Materialien nachzuweisen (das Labor möchte anonym bleiben). Die

Spektralemissionen zeigten sich als breite, flache Bänder und nicht als diskrete Linien. Die Tests wiesen auch eine signifikante Menge von Kalzium und Magnesium nach, es wurden jedoch keine Giftstoffe in gut ausgewaschenem Material gefunden, das aus unbelastetem Meerwasser gewonnen worden war.

Hätten wir die Möglichkeit, die oben erwähnten Materialien, die in der Tat unterschiedliche Zustandsformen von Edelmetallen darstellen, einer Galvanisierung zu unterziehen, könnten wir sie damit nachweisen, denn dadurch würden wieder ihre ursprünglichen Edelmetallformen entstehen. Zudem haben diejenigen, die bereits mit Materialien Erfahrung haben, die Hudson mit seinem Prozess gewonnen hatte, bestätigt, dass es sich hierbei um gleichartige Substanzen handelt.

Einnahme

Wir können nicht empfehlen, diese Materialien oral einzunehmen, da zu wenig über sie bekannt ist. Die Informationen dienen ausschließlich der weiteren wissenschaftlichen Erforschung dieser Materialien. Es ist uns jedoch klar, dass trotz gegenteiliger Empfehlungen einige Leute die Materialien oral zu sich nehmen werden. Wir bieten die folgenden Informationen an, um mögliche negative Nebeneffekte so gering wie möglich zu halten.

Bitte lies die „Warnungs- und Vorsichtsmaßnahmen"-Abschnitte dieses Dokuments.

Einige Leute, die M-State-Materialien oral zu sich nahmen, haben festgestellt, dass die positiven Effekte überwogen, wenn die Dosis gering war.

Es werden hier 3 Methoden beschreiben, um Ormus herstellen zu können: Die Wet-Methode, die Dry-Methode und die Boiling-Gold-Methode.

Bei den Materialien, die durch die Wet- und die Dry-Methode hergestellt wurden, hat sich herausgestellt, dass ein Teelöffel pro Tag, über eine Woche am Morgen eingenommen, keinerlei negative Nebeneffekte erzeugte. Eine weit geringere Dosis in der Größenordnung einiger Tropfen pro Tag wäre angemessen für alle Materialien, die durch die Boiling-Gold-Methode hergestellt werden. Wir nehmen an, dass es einen Zusammenhang zwischen M-State und Homöopathie gibt, so dass eine kleinere Dosis auch eine sicherere darstellt. Wir empfehlen einen viertel Teelöffel verdünnt in einem Quart (950 ml) reinen Wassers und hiervon 2 oder 3 Unzen (1 Unze = 28,35 g), ein- oder zweimal am Tag einzunehmen.

David Hudson gab uns in seiner Rede, die er in Dallas gehalten hat, einige Informationen über Dosierungen.

Die Wet- (Feucht-) und die Dry- (Trocken-) Methoden

Bei beiden Methoden ist die Messung des pH-Wertes das Allerwichtigste. Der pH-Wert beschreibt das Verhältnis zwischen Säure und Base in einer Lösung.

Vielleicht könnt ihr euch noch an den Chemieunterricht in der Schule erinnern: PH-Werte unter 7 sind sauer, wie z.B. weißer Weinessig. Ein pH-Wert von 7 ist neutral, wie ganz sauberes Wasser. Ein pH-Wert über 7 ist basisch, eine Lauge.

Ormus fällt bei einem pH-Wert zwischen 8,5 und 10,78 aus.

Die Wet-Methode erzeugt relativ wenig Material. Sie ist die am wenigsten effektive, aber gleichzeitig auch die einfachste.

Es folgt eine Beschreibung der Wet-Methode in aller Kürze. Sie wird später noch ausführlicher beschrieben werden:

- Beginne mit Trinkwasser oder sauberem Meerwasser.

- Füge langsam Lauge hinzu und zwar solange, bis der pH-Wert zwischen 8,5 und 10,78 liegt.

- Es wird sich ein weißer wolkenförmiger Niederschlag bilden, dem du erlauben solltest, sich über Nacht abzusetzen.

- Entferne die Flüssigkeit über dem Niederschlag.

- Wasche das Ausfallprodukt sorgfältig. Es ist Kalziumhydroxid, Magnesiumhydroxid und eine geringe Menge an M-State-Materialien.

Es folgt eine Kurzbeschreibung der Dry-Methode:

- Beginne mit trockenem Mineralpulver.

- Koche es in Laugenwasser bei einem pH-Wert von 12.

- Filtere den Niederschlag aus.

- Füge destillierten weißen Weinessig oder Salzsäure zu der gefilterten Flüssigkeit, um den pH-Wert auf 8,5 zu senken.

- Ermögliche dem Niederschlag, sich über Nacht absetzen.

- Entferne die Flüssigkeit über dem Niederschlag.

- Wasche das Ausfallprodukt. Es ist Kalziumhydroxid, Magnesiumhydroxid und eine geringe Menge an M-State-Materialien.

Der Vollständigkeit halber folgt hier eine Kurzfassung der Boiling-Gold-Methode. Diese Methode hat niemals für einen von uns funktioniert und wir empfehlen ausdrücklich, sie nicht anzuwenden!

- Koche Goldstaub in einer Laugenlösung.

- Filtere alle Festbestandteile heraus.

- Füge destillierten Weinessig oder Salzsäure zu der verbleibenden Flüssigkeit, bis der pH-Wert auf 8,5 gesunken ist.

- Lass den Niederschlag über Nacht sich absetzen.

- Entferne alle Flüssigkeit über dem Niederschlag.

- Wasche den Niederschlag. Es ist fast ausschließlich Gold in M-State Form.

Technisches Gerät und Zubehör

Verwende einen Topf aus rostfreiem Stahl oder Glas. Falls du einen Stahltopf verwendest, prüfe, ob sich Stahlpartikel in dem später entstehenden Niederschlag befinden. Dies ist zwar unwahrscheinlich, kann aber passieren, wenn große Mengen von Salzsäure verwendet werden, um den pH-Wert zu senken. Benutze auf gar keinen Fall Aluminiumtöpfe oder Aluminiumwerkzeuge, da Aluminium mit Salzsäure und auch mit Basen reagiert und die daraus entstehenden Nebenprodukte dich vergiften können.

- Kaufe destilliertes Wasser von einem Großmarkt.

- Besorge einen rostfreien Stahllöffel oder ein rostfreies Stahlmesser. Benutze niemals Aluminiumbehälter oder Aluminiumwerkzeuge, s. o.

- Besorge einige leere Glasbehälter, wie z.B. Honiggläser. Längliche, dünne, hohe Behälter funktionieren am besten.

- Besorge Natronlauge. Nach Möglichkeit „laboratory-Grade", also chemisch reine Natronlauge aus einer Apotheke und nicht solche, die für

Reinigungszwecke gedacht ist. Dies ist ganz besonders wichtig, wenn die später erzeugten M-State-Elemente oral eingenommen werden sollen.

Es bleibt allerdings so gut wie keine Lauge in dem Endprodukt erhalten, insofern ist es nicht so wichtig, darauf zu achten und nebenbei: sehr stark verdünnte Lauge ist nicht giftig.

- Besorge 31%ige Salzsäure aus der Apotheke. Achte darauf, dass es sich um ein chemisch reines Produkt handelt und nicht für Reinigungszwecke gedacht ist.

- Besorge 3 leere Flaschen mit Pipetten wie sie z.B. für Augentropfen verwendet werden. Alternativ können auch Plastikflaschen mit schmalen Ausgüssen verwendet werden.

- Besorge eine 50 ml Kunststoffspritze, wie sie in jeder Apotheke erhältlich ist.

- Besorge pH-Papier oder kaufe ein elektrisches pH-Meter. Das Papier bzw. das Gerät sollte pH-Werte zwischen 1 und 12 messen können. Benutze nur neues Papier, da altes Papier in der Messung ungenau wird.

PH-Papier oder pH-Meter

Einige Forscher raten von der Nutzung elektrischer pH-Meter ab, da ihre Messwerte von der Umgebungstemperatur und dem Ionisationszustand abhängig sind. Außerdem sind sie teurer als pH-Papier. Viele pH-Meter sind sensibel. Sie können durch starke Säuren oder Basen beschädigt werden. Andere Forscher jedoch meinen, dass ein pH-Meter aus folgenden Gründen unabdinglich ist:

- PH-Papier kann schnelle Veränderungen des pH-Wertes nicht anzeigen

- PH-Papier zeigt die unterschiedlichen Werte nicht genau genug an. Man kann z.B. den Unterschied zwischen 9.5, 10 und 11 kaum ablesen.

- PH-Messgeräte sind jedoch ausreichend genau, um den pH-Wert zwischen 8,5 und 10,7 ablesen zu können. Dies ist der Wert, bei dem unsere Arbeit hauptsächlich stattfindet.

- PH-Meter können leicht durch Verwendung einer Standard-Pufferlösung geeicht werden.

- Ein pH-Meter ist einfacher zu benutzen.

- Benutze nur ein pH-Meter, das mit automatischer Temperaturanpassung bis zu 100° C ausgestattet ist.

Die Wet- Methode

Ausgangsmaterialien für die Wet-Methode

Die Ausbeute an M-State-Material ist davon abhängig, welches Ausgangsprodukt für die Gewinnung benutzt wird. Hier ist eine Liste von Materialien, mit denen erfolgreich M-State-Elemente hergestellt wurden:

- Einige Leitungswasser (Stadtwasser)

- Einige heiße Quellen, jedoch nur ohne Schwefelanteile

- Das Wasser von Süßwasserseen

- Urin

- Flüsse oder Seen, deren Bett aus Kalkstein besteht oder Kalkstein enthält

- Quellwasser; je tiefer die Bohrung ist, aus dem das Wasser gewonnen wird, desto wahrscheinlicher ist es, dass es M-State-Materialien enthält. Oberflächenwasser ist in der Regel nicht so gut geeignet (außer es handelt sich um Seewasser)

- Meerwasser oder Salzwasser, das hergestellt wurde, indem Meersalz in normalem Leitungswasser aufgelöst wurde. Hierbei hat sich besonders das Salz des großen Salzsees (USA) bewährt .

- Salz aus dem Toten Meer

Einige Sorten unraffinierten Meersalzes sind so gut wie Meerwasser: „Celtic Gray Sea Salt" und „Lima Atlantik Sea Salt" (beide verfügbar in Bio-Läden). Füge destilliertes Wasser hinzu und benutze die Wet-Methode. Filtere an der Oberfläche schwimmende Rückstände zuerst ab.

Wenn künstliches Meerwasser aus dem Salz des Toten Meeres hergestellt wird, so können bis zu 11 verschiedene M-State-Elemente daraus gewonnen werden. Dies ist eine Liste der Häufigkeit in abnehmender Reihenfolge, also das Beste zu oberst:

- Salz des Toten Meeres
- Salz des großen Salzsees
- Normales Ozeansalzwasser
- Wasser aus Tiefbrunnen

Es folgt eine Liste von Wassern, aus denen kein oder nur sehr geringe Mengen an M-State-Material gewonnen werden konnten:

- Wasser aus einigen alkalischen Seen (pH-Wert über 8,5)
- Heiße Quellen, die Schwefel enthalten (weil Schwefel M-State-Material in den metallischen Zustand überführt)
- Mineralfreies Wasser aus Seen oder Flüssen
- Einige Salzprodukte, die zwar auf Salz des Toten Meeres basieren, denen jedoch aus Gesundheitsgründen künstlich Schwefel hinzugefügt wurde. Man achte in der Produktbeschreibung darauf.

Damit die folgende Methode funktioniert, so behaupten einige Forscher, ist es notwendig, dass Magnesiumhydroxid im Ausgangsmaterial vorhanden ist. Da die Boiling-Gold-Methode ohne jedes Magnesium funktionieren soll, muss diese Behauptung ausgiebig überprüft werden. Meerwasser enthält bereits Magnesiumhydroxid, so dass in diesem Fall nichts hinzugefügt werden muss. Probiere zuerst, ob dein spezielles Wasser einen Ausfall erzeugt. Falls nicht, füge einige Teelöffel Bittersalz zum Ausgangsprodukt hinzu, um so Magnesium in die Lösung einzuführen. Danach wird das daraus hervorgehende Magnesium einen großen Teil des Niederschlags ausmachen.

Warnungen und Sicherheitstipps

Reinige alle Behälter, die für die Versuche benutzt werden, so intensiv, dass du dich sicher genug fühlst, aus ihnen zu trinken. Koche alle Behälter, Spritzen und Trichter aus, um sie zu sterilisieren.

Lauge kann die Augen irreparabel beschädigen, ebenso kann es die Haut verbrennen und natürlich auch Bekleidung. Arbeite nach Möglichkeit in der

Nähe eines Waschbeckens, damit du für Notfälle Wasser zum Aus- oder Abwaschen der betroffenen Gegenstände oder Hautteile zur Verfügung hast. Halte eine Sprayflasche mit verdünntem Weinessig zur Verfügung, falls einmal Lauge verschüttet wird.

Wenn Lauge unabsichtlich verspritzt wird, verdünne sie sofort mit einer großen Menge klarem Wasser. Vermeide auf jeden Fall, mit den Händen in die Augen zu reiben. Nimm keine Nahrung zu dir, während du mit Lauge arbeitest, achte auf ausreichende Luftzufuhr und darauf, dass u. U. entstehende schädliche Gase abgesaugt werden.

Obwohl verdünnte Lauge im Allgemeinen ohne Probleme über die Kanalisation entsorgt werden kann, ist es gefährlich, wenn sie dort mit evtl. noch vorhandener Säure zusammentrifft. Dies kann zu explosiven Reaktionen führen.

Es ist unbedingt notwendig, während dieser Arbeit einen Gesichtsschutz, z.B. eine Laborschutzbrille, zu tragen. Ebenso empfehlenswert ist es, eine PVC-Schürze sowie PVC-Handschuhe zu tragen. Diese Dinge sind im Laborzubehörhandel erhältlich.

Achte darauf, dass weder Kinder noch Haustiere Zutritt zu deinem Arbeitsbereich haben.

Glas kann springen, wenn es mit heißen Flüssigkeiten in Kontakt kommt. Fülle kochende oder sehr heiße Flüssigkeiten zuerst in einen Metallbehälter und gieße sie dann in einen Glasbehälter um.

Bekannte Probleme:

Die folgenden Probleme wurden von verschiedenen Personen festgestellt, die M-State-Materialien zur oralen Einnahme hergestellt haben:

Einige Leute, die aus Yachthäfen Meerwasser entnahmen und daraus gewonnenes M-State-Material einnahmen, wurden ziemlich krank. Dieses Wasser enthält einen hohen Anteil an Blei und anderen Giftstoffen.

Andere wurden krank, weil sie nicht sorgfältig genug in der Herstellung der Materialien waren. Sie haben z.B. kein pH-Papier oder pH-Meßgeräte benutzt. Dadurch enthielt der gewonnene Niederschlag giftige Metalle. Erinnert euch, dass altes pH-Papier ungenaue Messwerte liefert.

Menschen wurden krank, weil sie altes M-State-Material zu sich genommen haben, das durch Bakterienkulturen verseucht war. In diesem Fall waren die Gerätschaften zur Herstellung nicht ausreichend sterilisiert.

Es kann passieren, dass der pH-Wert der Ausgangsflüssigkeit zu schnell erhöht wird, z.B. indem man Lauge in zu hoher Konzentration benutzt. Dies führt dazu, dass die Lauge in bestimmten Bereichen einen sehr hohen pH-Wert in der Gesamtlösung erzeugt. Dieser Bereich des hohen pH-Wertes führt dazu, dass dort toxische Metalle ausgefällt werden, die sich später mit dem erwünschten Ausfallprodukt mischen.

M-State-Platin wird von einigen Nutzern als giftig angesehen, da es zu Symptomen führt, wenn man gleichzeitig Alkohol zu sich nimmt. Dieser Effekt wurde jedoch nicht beobachtet, wenn die M-State Mischung aus Meerwasser hergestellt wurde.

Einige Leute benutzten teflonbeschichtete Behälter, um Lauge zu erwärmen. Die Teflonschicht wurde beschädigt und das darunterliegende Aluminium freigelegt. Dieses löste sich in der Lauge und erzeugte Wasserstoffgas, das eine Explosionsgefahr darstellt. Außerdem ist Aluminium in metallischer Form ein Gift.

Problemvermeidung

Falls Meerwasser verwendet wird, achte darauf, dass du das Meerwasser aus großer Tiefe hochpumpst und dass es sauber ist. Einige Leute sind in Booten aufs Meer hinausgefahren, um aus 30 m Tiefe Wasser für die Ormus Gewinnung zu pumpen. Oder verwende von vornherein Salz, um daraus künstlich Meerwasser herzustellen.

Vermeide auf jeden Fall Wasser, das Blei, Arsen oder andere toxische Bestandteile enthalten könnte.

Im Zweifelsfall lasse eine Laboranalyse des Ausgangsmaterials anfertigen.

Das Kochen von laugenhaltigem Wasser tötet zwar Bakterien ab, kann aber toxische Metalle und Chemikalien nicht beseitigen.

Halte dich genau an die obigen Anweisungen und verändere den pH-Wert nur sehr langsam.

Vermeide Wasser, das in irgendeiner Form Sulfate oder Schwefelbestandteile enthält. Diese Art Wasser erzeugt so gut wie kein M-State-Material.

Vermeide unter allen Umständen die Verwendung aluminiumhaltiger Behälter oder Werkzeuge.

Vorgehensweise der Wet-Methode

Zuerst ist es notwendig, eine verdünnte Laugenlösung herzustellen. Doch zuvor etikettiere eine Flasche, die mit einer Pipette versehen ist, mit dem Label „Lauge – giftig", so dass diese Flasche nicht mit anderen verwechselt werden kann. Arbeite in einem Waschbecken. Verschüttete Lauge kann so gleich weggespült werden. Der Prozess der Verdünnung von Lauge erzeugt Wärme, sei daher vorsichtig mit den Behältern, sie könnten heiß werden. Benutze unbedingt eine Schutzbrille.

Fülle die Pipettenflasche mit der vorbereiteten verdünnten Lauge. Falls du pH-Papier benutzt, reiße einen Streifen ab und teile ihn in 4 gleiche Teile und lege diese Teile auf ein bereitliegendes weißes Blatt Papier.
Um die notwendige Genauigkeit zu erzielen, kalibriere das Papier bei veränderten Temperaturen und veränderter Luftfeuchtigkeit während des gesamten Tages. Besorge zu diesem Zweck Pufferlösung mit pH-Wert 4, 7 und 10. Solche Pufferlösung erhältst du in jeder Apotheke.

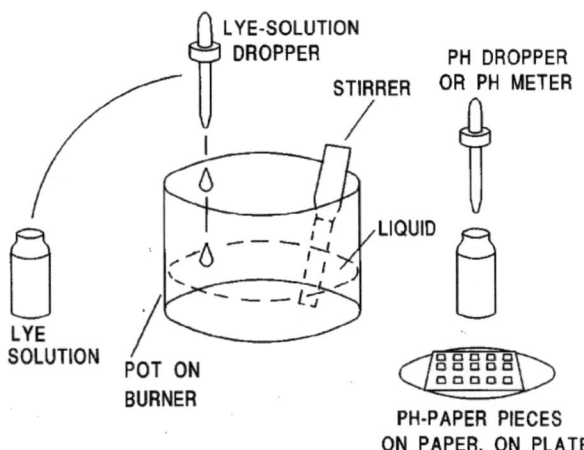

Abb. 4: Der Wet-Zyklus

Falls du als Ausgangssubstanz trockenes Meersalz verwendest, mische eine halbe Tasse trockenes Meersalz mit 2 Tassen destilliertem Wasser. Diese Verdünnung ergibt die Konzentration, die der von Meerwasser entspricht. Verfahre dann wie folgt:

1. Benutze einen Kaffeefilter, um Festbestandteile aus der Lösung zu entfernen.

2. Sollte das Ausgangsmaterial kein Magnesiumhydroxid enthalten, (Meerwasser enthält Magnesiumhydroxid) füge einiges hinzu, indem du einen Teelöffel Bittersalz pro 3 ½ Liter Wasser hinzufügst.

3. Fülle das entstandene Meerwasser in einen Topf aus rostfreiem Stahl. Füge langsam und unter ständigem Rühren tropfenweise die Laugenlösung hinzu. Teste den pH-Wert erneut jedesmal, nachdem du ca. 10 Tropfen Lauge hinzugefügt hast,.
   Es wäre gut, von 5 verschiedenen Punkten des Topfes die pH-Werte zu messen. Solltest du pH-Papier zur Messung verwenden, so ist es ausreichend, den pH-Wert auf ungefähr 9,5 zu bringen und dann mit dem weiteren Verfahren zu stoppen, um auf der sichereren Seite zu bleiben. Falls du ein pH-Meßgerät verwendest, so kannst du bis kurz vor dem Wert 10,78 weiter Lauge hinzufügen.
   Es wird sich ein weißer Niederschlag, der die M-State-Elemente enthält, bilden.
   Achtung: Es ist sehr wichtig, langsam und geduldig vorzugehen, damit der pH-Wert in der Lösung nicht über 10,78 steigt. Denn dann könnte ein „Gilcrest Precipitate" (giftige Schwermetallausfällung) aus giftigen Schwermetallen entstehen. Es wird behauptet, dass Wasser, das aus Salz des Toten Meeres hergestellt wird, ein solch giftiges Ausfallprodukt nicht erzeugen kann. Dies ist jedoch nie bewiesen worden und sollte darum auch nicht von vornherein angenommen werden.

4. Sowie der korrekte pH-Wert erreicht ist, beende die Prozedur.

5. Schütte die Lösung in einen sauberen Glasbehälter.

6. Das weiße Ausfallprodukt wird sich langsam am Grund dieses Gefäßes absetzen. Lass es sich über Nacht absetzen. Für den Fall, dass Schwermetalle und andere Giftstoffe durch vorangegangene Tests ausgeschlossen werden können, wird dieses Ausfallprodukt überwiegend aus

Kalziumhydroxid, Magnesiumhydroxid, Lauge und einer geringe Menge M-State-Elementen bestehen.

Dieser Prozess kann mit Hilfe einer Zentrifuge stark beschleunigt werden. Das Ausfallprodukt flockt dann sehr viel schneller aus. Es gibt Anbieter gebrauchter Laborgeräte, bei denen solche Zentrifugen günstig erstanden werden können.

7. Benutze eine große Spritze, um die Flüssigkeit über dem Ausfallprodukt abzusaugen.

8. Füge dann destilliertes Wasser hinzu, bis der Behälter wieder ganz gefüllt ist. Rühre sorgfältig um und lasse das Ausfallprodukt sich wiederum über Nacht setzen.

Wiederhole die Schritte 7 und 8 zumindest dreimal, damit das Ausfallprodukt wirklich vollständig gesäubert ist. Durch diesen Vorgang sollten die gesamten Laugenanteile beseitigt sein. Sollte dennoch Lauge übrig sein, so kann diese mit verdünnter Salzsäure oder verdünntem Weinessig beseitigt werden. Das dreimalige Auswaschen des Ausfallproduktes dient auch dem Zweck, Verunreinigungen, wie z.B. Salz, zu beseitigen.

Nach unseren Messungen bewirkt dreimaliges Auswaschen eine 87,5%ige Reinigung, viermaliges Auswaschen eine 93,75%ige Reduktion und fünfmaliges Auswaschen eine 96,87%ige Reduktion von Schadstoffen.

Zu diesem Zeitpunkt wird das Ausfallprodukt wenig M-State-Elemente, einen großen Anteil Magnesiummilch [$Mg(OH)_2$], Kalzium und einige wenige Verunreinigungen enthalten.

Fülle nun das Ausfallprodukt zusammen mit Wasser in einen rostfreien Stahlbehälter, der auf einem Küchengasbrenner steht. Es ist erforderlich, einen Gasbrenner zu verwenden und auf gar keinen Fall einen Elektroherd, da die von ihm erzeugten Magnetfelder das gerade gewonnene M-State-Material neutralisieren könnten.

Schließe den Topf mit einem Deckel, um das Verdampfen der M-State-Elemente zu verhindern und koche die Lösung auf diese Weise für 5 Minuten, um sie zu sterilisieren. Prüfe nach dem Abkühlen den pH-Wert, um sicherzustellen, dass er nicht über 9 liegt.

Unter welchen Umständen die Lösung zu kochen ist

In dieser Anleitung haben wir bisher empfohlen, die Lösung nicht zu kochen, bevor das durch mehrfaches Waschen gereinigte Ausfallprodukt hergestellt wurde. Dieses Kochen kann jedoch auch zu einem früheren Zeitpunkt geschehen. Das hat Vor- und Nachteile, die wir diskutieren wollen:

Kochen, bevor die Laugenlösung hinzugefügt wird:

Vorteile: schnellere Reaktionen, schnellerer Ausfall.
Nachteile: Es ist möglich, die heiße Laugenlösung zu verschütten. Man könnte Laugengase einatmen.

Kochen, während die Laugenlösung hinzugefügt wird:

Vorteile: schnellere Reaktionen, schnellerer Ausfall.
Nachteile: wie vorher, doch während des Kochvorganges kann Lauge aus dem Topf herausspritzen. Diese Vorgehensweise wird nicht empfohlen.

Kochen und Abkühlen, nachdem die Lauge hinzugefügt wurde:

Vorteile: keine Gefahr, dass Dämpfe inhaliert werden, geringe Gefahr, dass heiße Laugenlösung verschüttet wird.
Nachteile: langsamere Reaktionen, langsamerer Ausfall.

Das Kochen des bereits gereinigten und mehrfach gewaschenen Ausfallprodukts (empfohlene Vorgehensweise):

Vorteile: keine Gefahr, Gase einzuatmen oder heiße Laugenlösung zu verschütten. Zudem ist es unwahrscheinlich, dass sich der pH-Wert nach dem Kochen noch ändert, da die chemische Reaktion bereits stattgefunden hat.
Nachteile: langsamere Reaktionen, langsameres Ausflocken.
Falls es dir im Wesentlichen um die Sicherheit geht, ist dies die bevorzugte Methode.

Achtung:

Obwohl es nicht empfohlen wird, einen Elektrokocher zur Herstellung zu benutzen, mag es in manchen Fällen jedoch unumgänglich sein. Dann füge Natriumhydroxid oder Salz hinzu, dies wird den Verlust an M-State-Elementen minimieren.

Da Meerwasser bereits Natrium enthält, entsteht bei dessen Verwendung kein

Problem. Wenn man jedoch Brunnenwasser, also Süßwasser, nimmt, das nur geringe Natriumanteile hat, ist es ratsam, Natrium hinzuzufügen, indem man Kochsalz vor dem Kochen in die Lösung gibt.

Nachdem das Ausfallprodukt und das Lösungswasser sterilisiert wurden, wird es notwendig sein, die darin enthaltenen M-State-Elemente stärker zu konzentrieren.[21]

Die Dry-Methode

Bitte lies die Warnungen, bevor du mit dem Prozess beginnst.

Diese Methode dauert wesentlich länger als die Wet-Methode. In einigen Fällen wird es notwendig sein, Laugenlösung für mehrere Stunden zu kochen. Es wird strikt empfohlen, während des gesamten Vorganges Kunststoffhandschuhe, Schutzbrille und eine Schürze zu tragen.

Der Hauptvorteil gegenüber der Wet-Methode besteht darin, dass die Dry-Methode auf jeden Fall die Entstehung von giftigen Schwermetallausfällungen verhindert bzw. diese unmöglich macht.

Zusätzliche Arbeitsmaterialien, die für die Dry-Methode gebraucht werden:

12 Kaffeefilter und 31%ige Salzsäure aus der Apotheke. Zur Not können auch andere Säuren benutzt werden, aber verdünnte Salzsäure ist die harmloseste für den Körper, falls sie versehentlich in hoher Verdünnung eingenommen werden sollte. Es kann auch verdünnter Weinessig benutzt werden. Der Weinessig ist wesentlich schwächer in seiner Säurereaktion, er ist jedoch sicherer in der Anwendung.

Große runde Kunststoffbehälter, z.B. solche, die für manche Quarkprodukte benutzt werden. Sie sollten ca. 1 Pint (US) (0,473 l) und 1 Quart (0,946 l) enthalten können. Sie werden benötigt, um die Kaffeefilter aufzunehmen.

Herstellung eines Halters für die Kaffeefilter:

Beginne mit den beiden Behältern, die du besorgt hast. Stelle sicher, dass der kleinere in den größeren Behälter so hineinpasst, dass er über dessen Kante hängen kann.

Bohre in den Boden des kleineren Behälters mehrere kleine Löcher, ca. 1/8" bis ¼" im Durchmesser und ungefähr ¼" Abstand.

Achte darauf, dass der kleinere Behälter nicht zu fest im großen Behälter sitzt, damit noch Flüssigkeit von einem in den anderen laufen kann. Stelle diese beiden ineinander gestellten Behälter in einen großen Auffangbehälter, z. B. einen großen Edelstahltopf, damit u. U. überfließende Flüssigkeit aufgefangen werden kann. Die Laugenflüssigkeit kann die Tischoberfläche beschädigen, falls sie nicht in so einem Behälter aufgefangen wird.

Der Kaffeefilter sollte gut in den kleineren, oberen der beiden Behälter passen.

Ausgangsmaterialien für die Dry-Methode

Grundsätzlich: Beginne mit Materialien wie Bruchstücken (Sweepings) von alkalischen Gesteinen, Vulkangestein, Holzasche, Steinmehl, Sandstein, Mineralsalzen oder „Etherium/Isis White Gold Powder" (eine US-Marke).

Diese Materialien erzeugen eine große Menge Substrat:

- Gemahlener, unerhitzter Sandstein (Achtung: Einige in der Landwirtschaft verwendeten Sorten sind durch Arsen oder Blei verunreinigt)
- Golden Nectar trace mineral formula (US-Marke)
- Etherium/Isis Gold Powder (US-Marke)
- Ancient Secrets Dead Sea Mineral Salts (US-Marke)
- Masada Salts (ohne Geschmackszusätze)

Vorgehensweise für die Dry-Methode

Bitte lies die Warnungen, bevor du mit dem Prozess beginnst.

Zuerst ist es notwendig, eine verdünnte Lauge herzustellen. Doch zuvor etikettiere eine Flasche, die mit einer Pipette versehen ist, mit dem Etikett „Lauge – giftig", sodass diese Flasche nicht mit anderen verwechselt werden kann. Arbeite in einem Waschbecken, sodass verschüttete Lauge gleich abgespült werden kann. Der Prozess der Verdünnung von Lauge erzeugt Wärme, sei daher vorsichtig mit den Behältern, sie können heiß werden. Benutze eine Schutzbrille

Fülle die Pipettenflasche mit der vorbereiteten verdünnten Lauge. Falls du pH-Papier benutzt, reiße einen Streifen ab und teile ihn in 4 gleiche Teile auf- Lege diese Teile auf ein bereitliegendes weißes Blatt Papier.

Siehe schematische Zeichnung in Abb. 4 weiter oben

Um die notwendige Genauigkeit zu erzielen, kalibriere das Papier bei veränderten Temperaturen und veränderter Luftfeuchtigkeit während des gesamten Tages. Besorge zu diesem Zweck Pufferlösung mit pH-Wert 4, 7 und 10. Solche Pufferlösung erhältst du in jeder Apotheke.

1. Mahle das Ausgangsmaterial, bis es ein feinkörniges Pulver wird.

2. Füge 1:4 Laugenlösung solange hinzu, bis das Pulver von einer dünnen Schicht Flüssigkeit bedeckt wird.

3. Füge unter Rühren solange destilliertes Wasser hinzu, bis das Pulver von einer 2" dicken Schicht Wasser bedeckt wird.

4. Bringe diese Mischung zum Kochen, am besten unter einer Abzugshaube oder außerhalb eines Gebäudes, aufgrund der entstehenden Dämpfe.
   Der pH-Wert dieser Mischung sollte genau oder knapp über 12 liegen. Die Lauge löst die M-State-Elemente, während die giftigen Schwermetallausfällungen als solide Ausfallprodukte übrig bleiben.
   Anmerkung: Falls dein Ausgangsprodukt Meersalz ist, so kannst du den gesamten Kochprozess überspringen und die Mischung einfach für 3 Tage stehen lassen. Fahre einfach mit Punkt 7 fort (einige andere Ausgangsmaterialien mögen sich ähnlich verhalten).

5. Während du die Mischung kochst, ersetze das verdunstete Wasser, so dass immer genügend Flüssigkeit zum Kochen vorhanden ist.

6. Koche die Mischung für mehrere Stunden in einem geschlossenen Behälter. Je länger du die Mischung kochst, desto besser. Der Behälter kann natürlich geöffnet werden, um verdunstete Flüssigkeit zu ersetzen, wie unter 5 beschrieben. Vier Stunden sollten ausreichend sein für Etherium/Isis Material.

7. Zwinge das Ausfallprodukt durch 3 bis 4 Schichten Kaffeefilter. Hierdurch beseitigst du giftige Bestandteile. Diese Ausfallprodukte entstehen bei pH-Werten über 11,5. Bewahre die Flüssigkeit auf, die durch den Filter gelaufen ist. Fast das gesamte M-State-Material wird in dieser Lösung vorhanden sein.

8. Füge unter ständigem Rühren soviel verdünnte Salzsäure hinzu, bis der

pH-Wert auf 8,5 absinkt. Es wird sich ein weißer Niederschlag bilden, der zum Teil aus M-State-Elementen besteht. Falls du dich mit dem Hinzufügen der Salzsäure vertust und der pH-Wert zu stark absinkt, wirst du von vorne beginnen müssen. Falls dies geschieht, kannst du versuchen, durch schnelles Hinzufügen von Lauge den pH-Wert wieder auf 12 zu erhöhen.

9. Lass sich das Ausfallprodukt über Nacht absetzen.

10. Benutze eine große Spritze, um die Flüssigkeit über dem Niederschlag zu beseitigen.

11. Füge dann destilliertes Wasser hinzu, bis der Behälter wieder ganz gefüllt ist, rühre sorgfältig um und lasse das Ausfallprodukt sich wiederum über Nacht absetzen.

Wiederhole die Schritte 10 und 11 zumindest dreimal, damit das Ausfallprodukt wirklich vollständig gesäubert ist. Dieser Vorgang sollte die gesamten Laugenanteile beseitigt haben. Sollte dennoch Lauge übrig sein, so kann diese mit verdünnter Salzsäure oder verdünntem Weinessig beseitigt werden. Dieses dreimalige Auswaschen des Ausfallproduktes dient auch dem Zweck, Verunreinigungen zu beseitigen (wie z.B. Salz).

Die Boiling-Gold-Methode

Die Boiling-Gold-Methode hat bei all denen, die wir kennen und die sie probiert haben, nie funktioniert. Daher empfehlen wir sie nicht.
[Anmerkung des Übersetzers: Im englischen Originaldokument wird diese Methode beschrieben. Da sie nie funktioniert hat, ersparen wir uns das.]

M-State-Material Aufbewahrungsmethoden

Gut geeignet sind große Honiggläser mit Glasdeckeln, die zugeklemmt werden können. Am besten sind solche mit Gummidichtungen, wie sie auch bei Einmachgläsern vorzufinden sind. Weiterhin eignen sich:

- Glasbehälter mit Plastikdeckeln.

- PVC-Behälter, die unter sauren und alkalischen Bedingungen stabil sind.

Es ist wichtig, diese Materialien vor Sonnenlicht, elektromagnetischer und ultravioletter Strahlung geschützt aufzubewahren. Ultraviolette Strahlung scheint M-State-Material in den metallischen Zustand zu überführen, der oft giftig ist.

Da M-State-Materialien z. T. supraleitende Fähigkeiten aufweisen, ist es wichtig, sie entfernt von Magnetfeldern aufzubewahren. Dazu genügt es, sie in einem komplett geschlossenen Metallbehälter, wie z.B. einer großen metallenen Keksdose, zu stellen. Falls M-State-Material über längere Strecken transportiert werden soll, kann es nützlich sein, mehrere dieser Metallbehälter ineinander zu stellen, um die Abschirmung zu verbessern.

Einige Anwender haben beobachtet, dass sich in unregelmäßigen Abständen aufsteigende Blasen bilden. Wir nehmen an, dass diese Blasen aus gasförmigem M-State-Material bestehen. Einige Forscher haben beobachtet, dass das M-State-Material seine Stärke und Effizienz verliert, während diese Blasen aufsteigen. Das Aufsteigen dieses Gases scheint reduziert oder ganz verhindert zu werden, indem man das Material bei Raumtemperatur, jedoch nicht höher als Körpertemperatur, in einem Metallbehälter aufbewahrt. Es sollte auch nicht im Kühlschrank aufbewahrt werden. Zumindest einer der beteiligten Forscher hat beobachtet, dass das M-State-Material aus dem Kühlschrank an einen wärmeren Platz diffundierte. (Anmerkung: Es ist aber auch beobachtet worden, dass es abgeschirmt im Kühlschrank länger hält als außerhalb.)

Es ist wichtig, dass das Material gut sterilisiert wird, da sich sonst bei Raumtemperatur Bakterien und Pilze bilden können.

Magnetische Vortex-Fallen

Ormusextraktion und -konzentration mittels magnetischer Vortex-Fallen

Basierend auf der Annahme, dass Ormus supraleitend ist, wird es mittels Magnetfeldern aus fließendem Wasser extrahiert.

Das Prinzip ist bei allen Konstruktionen ähnlich: in einem Vortex (Strudel) wird Wasser an Magneten vorbeigeführt. Dadurch wird eine ormusreiche Phase vom Restwasser mittig herausgedrückt und steigt in der Mitte des Vortex auf. Je nach Konstruktion wird der Vorgang zwecks weiterer Konzentration in mehreren Stufen wiederholt.

Während kleinere Fallen oft nur aus einer Stufe bestehen, verwenden industrielle Fallen so viele Stufen, wie es der örtliche Wasserdruck zulässt, denn mit jeder weiteren Stufe nimmt der Druck im System ab und damit die Energie, die notwendig ist, um den Vortex aufrechtzuerhalten. Die Größe der einzelnen Wirbelzylinder spielt dabei natürlich auch eine Rolle.

Für jemanden, der ohnehin täglich ein bis zwei Liter Wasser trinkt, reicht eine kleine Falle völlig aus, denn nur die Ormuskonzentration ist unterschiedlich. 100 ml Flüssigkeit aus einer Industriefalle entsprechen sehr grob gerechnet 1 Liter aus einer kleinen 1-Stufen-Falle. Zudem hat man mit der eigenen Falle immer frisches Ormus und nicht das Problem vor elektromagnetischer Strahlung geschützt aufbewahren zu müssen.

Die Qualität des Speisewassers spielt allerdings für die Anlage eine entscheidende Rolle. Bevor man also investiert, sollte man sich soweit möglich eine Falle leihen und damit die Eignung des eigenen Leitungswassers testen.

Bei entsprechender Nachfrage werde ich Leih-Fallen für Kurzzeittests zur Verfügung stellen[22].

Leider ist mir kein Hersteller einer günstigen kleinen Magnetfalle für den Hausgebrauch bekannt. Auch die obligate *Google*-Suche hat kein Ergebnis gebracht, das ich guten Gewissens empfehlen würde. Selbst der US-basierte Hersteller meiner „industry-strength" Falle ist nur über persönliche Verbindungen zu erreichen und macht für sein Produkt keine Werbung. Ich kann nur vermuten, warum das so ist. Es liegt sicher nicht daran, dass der Selbstbau extrem einfach und günstig wäre. Ich persönlich habe gern für meine Falle bezahlt und hätte sie in der Präzision auch nie selbst bauen können. Evtl. hat es etwas mit der Verfolgung der Ormus-Produzenten durch die FDA zu tun, die in Amerika den Markt alternativer Heilmittel zugunsten der Pharmakonzerne stark beschränkt hat und auch vor militanten Aktionen mittels bewaffneter Rollkommandos[23] nicht zurückschreckt. Man rufe sich dazu auch die Geschichte von David Hudson ins Gedächtnis zurück.

Für begabte Bastler ist im Anhang der Selbstbau einer einstufigen Falle für den Betrieb in einer Küchenspüle oder Badewanne beschrieben.

Magnetit-Effekt Ormus-Wasser (MEOW)

Einige Ormus-Forscher beschäftigen sich mit der angenommenen „Aktivierung" der Ormusanteile in Mineralwässern.

Das Prinzip ist simpel: Ein Wasserbehälter wird in ein Gefäß gestellt, das mit Magnetitsand derart gefüllt ist, dass das Wasser allseitig von einer mehr oder weniger dicken Magnetitschicht umgeben ist. Gemäß den veröffentlichten Beobachtungen der Enthusiasten, die mit dieser Technik experimentieren, sollen die Effekte ähnlich denen der Einnahme von regulärem Ormus sein. Es wird berichtet von ergrauten Haaren, die wieder dunkel werden, abgebrochenen Zahnstücken, die nachwachsen, allgemeinem Wohlbefinden und robuster Gesundheit, während in der Nachbarschaft die Grippe grassiert.

Obwohl in epischer Länge theoretisiert wird, was wohl diesen Effekt bewirken mag, ist die Bottom-Line, dass es niemand wirklich weiß. Dennoch sind die positiven Reaktionen auch bei Haustieren zu beobachten, so dass ein Placebo-Effekt (der ja bei allem, was mit Ormus zu tun hat, ohnehin gern überstrapaziert wird) wohl auszuschließen ist.

Mit dieser Technik habe ich selbst sechs Monate experimentiert. Auf meinem Balkon steht ein 2 m langes Doppelrohr, das in der Mantelschicht ca. 30 KG Magnetit von 5 verschiedenen Abbauorten enthält. Das Material allein hat um die 400,- Euro gekostet, exklusive Verschnitt und früheren Versuchsaufbauten mit diversen Magnetitsorten, Dichten und Rohrdurchmessern. Diese haben zusammengenommen nochmal dieselbe Summe verschlungen. Für das Geld kann man leicht eine einfache Magnetfalle kaufen, wenn man einen Hersteller findet.

Gemäß allgemeiner Erfahrung unter den MEOW Nutzern soll man das Wasser 5 Tage lang dem Magnetit aussetzen, wobei die verschiedenen Magnetitsorten unterschiedliche verbessernde bzw. aktivierende Wirkung haben. Das Magnetit im Rohr ist also nach Sorte bzw. Herkunft geschichtet. Insgesamt passen 5 Flaschen zu je 1,5 Liter in das Rohr. Damit steht jeden Tag diese Menge als Trinkwasser zur Verfügung. Ich habe damals mit dem stillen Aldi-Mineralwasser experimentiert und konnte zumindest eine Geschmacksverbesserung feststellen, die von einigen Freunden bestätigt wurde. Andere konnten den Unterschied in einer Blindprobe allerdings nicht herausschmecken. Da ich damals bereits seit einiger Zeit pulverförmiges Ormus zu mir nahm und es mir gesundheitlich gut ging, waren andere Veränderungen nicht zu erwarten. Um meine komplett grauen Haare deutlich zu „entgrauen", war die Zeitspanne der Einnahme definitiv zu kurz, obwohl ich gelegentlich eine leichte Nachdunklung wahrzunehmen glaubte.

Diese Technik ist m. E. dann nützlich, um hochwertiges Flaschenwasser weiter energetisch aufzuwerten. Ob damit aber die gleiche Wirkung erzielt werden kann, wie mit der Einnahme von Ormus, das mittels Magnetfallen aus gutem Basiswasser gewonnen wurde, bezweifle ich[24].

Berichte und Hinweise zur Ormusforschung

Verschiedene Beiträge zur Forschung und speziell den Extraktions-Methoden

Dieser Teil des Dokuments erfordert eigentlich regelmäßige Updates, da wir ständig neue Erkenntnisse zur Ormusgewinnung und zur Wirkung dieser Substanzen erlangen. In Buchform ist das natürlich nur schwer zu realisieren. Daher empfehle ich dringend, sich im Web auf dem Laufenden zu halten.

Die Messung von Ormus Bestandteilen verschiedener Meersalze

Vier Liter Wasser (fast eine Gallone) wurden mit 250 ml (ca. 1 Tasse) der folgenden Salze gemischt und ergaben die folgende Ausbeute an M-State-Elementen:

Vorkommen	zusätzlich Informationen	Menge in ml
Baker City	ungefiltertes Wasser	28
Mt. Carmel	Illinois	50
Medical Lake	Washington	20
Santa Barbara	Kalifornien	200
Lithia Quelle	Ashland, Oregon	220
Salzsee	Konzentrate	3500
Totes Meer		6500
Pazifik		1000-2000

Hudsons Ormus-Produktionsmengen.

Elemente	Oz./Tonne	Gesamt in %
Ruthenium	250	10.34%
Rhodium	1200	49.62%
Palladium	5	0.21%
Osmium	150	6.20%

Iridium	800	33.08%
Platin	12.5	0.52%
Gold	1	0.04%
Gesamt	2.419	100%

Kochpunkt und Löslichkeit in Säuren

Elemente	Ormus Kochpunkt	Trockenes M-State löslich in flüssiger Salzsäure?
Magnesium	?	y
Kalzium	?	y
Kobalt	?	y
Nickel	?	y
Kupfer	?	y
Ruthenium	?	y
Rhodium	900 C oder 1066 C	y
Palladium	Über 2250 C	y
Silber	1800 C	y
Rhenium	?	y
Osmium	?	y
Iridium	5400 C	n
Platin	2700 C	s
Gold	425 C	n
Quecksilber	?	y

Wenn man die in der obigen Liste vorhandenen Informationen richtig verwendet, sollte es möglich sein, eine Vorgehensweise zu entwickeln, um M-State-Gold, -Rhodium und -Iridium von den restlichen M-State-Elementen zu trennen. Wir kennen jedoch niemanden, der das erfolgreich versucht hat.

Falls du verdächtige Materialien als Ausgangsprodukte für die Herstellung von M-State-Elemente verwendest, so ist es wichtig für dich zu wissen, an welchem Punkt verschiedene, möglicherweise giftige, metallische Formen ausfallen.

Eine Übersicht über den prozentualen Anteil von M-State-Elementen in verschiedenen Meeren

Meersalz	Gold	Rhodium	Iridium	Magnesium
Totes Meer	70% -	-	-	30%
Salzsee	19%	30%	5%	46%
Pazifik	8 – 14%	30%	6 – 9%	?

Verschiedene Hinweise

Das Salz aus dem Toten Meer erzeugt keinen giftigen Schwermetall-Niederschlag.

Ein Anwender benutzte Masada Salz vom Toten Meer für seinen Versuch:

Er stellte eine Menge Ormus mit der Wet-Methode her, wobei er den pH-Wert auf 10,5 einstellte.
Er ließ den Niederschlag sich über Nacht setzen und beseitigte die Flüssigkeit über dem Niederschlag.
Er fügte Lauge hinzu, bis der pH-Wert 12 erreicht war.

Es gab keinen Niederschlag außer dem M-State Niederschlag. Es wurden insbesondere keine giftigen Schwermetalle gefunden.
Dieses Experiment sollte unbedingt wiederholt werden.

Sicherheitshinweis für die Dry-Methode

Das Material „Target Glacial Rock Dust" beinhaltet erhebliche Mengen an Aluminium, die zwar für Pflanzen tolerabel, für Menschen jedoch giftig sind. Pulverisierter Kalkstein, der für landwirtschaftliche Zwecke hergestellt wurde, kann erhebliche Mengen an Blei und Arsen enthalten. Diese Form von Kalksteinpulver sollte natürlich für den menschlichen Verzehr nicht herangezogen werden.

Warnung über die gleichzeitige Nutzung von Ormus- und Gematria-Produkten

Wenn bestimmte Produkte von der Firma *Gematria* zusammen mit M-State-Elementen eingenommen werden, scheint es Probleme zu geben. Vier Menschen, die gleichzeitig solche Produkte mit Ormus-Produkten einnahmen, berichteten von Kopfschmerzen, Übelkeit und Probleme mit der Bewegungskoordination. Diese Probleme wurden weniger und verschwanden, wenn entweder die Einnahme von Ormus oder die Einnahme der Gematria-Produkte beendet wurde. Die Produkte, um die es sich hier handelte, waren „AloeMEM Gems (TM)" und „Laser Blue".

Eine Warnung bezüglich Wasser, das mit dem Salz des Toten Meeres hergestellt wird

Von den hohen Mengen an Magnesium, die in dem M-State Produkten, die aus dem Salz des Toten Meeres gewonnen werden, enthalten sind, bekommen einige Leute Durchfall. Der Prozentsatz an Magnesium kann signifikant reduziert werden, indem der pH-Wert wieder gesenkt wird, nachdem er einmal auf 10,78 erhöht war.

Dinge, die man vermeiden sollte, wenn man Ormus-Produkte benutzt[25]

Einige Dinge scheinen Ormus-Produkte in ihre metallische Form zu überführen. Diese sind u. a.:

- Ultraviolettes Licht
- Verflüchtigtes Stickoxid, wie z.B. in Smog
- Sulfid (SO3), wie in einigen Salat-Dressings
- Kohle, wie z.B. in angebrannten Nahrungsmitteln
- Kohlenmonoxid, wie in Smog

Hinweise zur Wet-Methode

Das Ziel ist es, den Ausfallpunkt zwischen pH 8,5 und 10,78 zu erhalten. Nachdem das Ausfallprodukt gewonnen wurde, ist es wichtig, es gründlich zu waschen. Das Waschen des Ausfallproduktes wird den pH-Wert auf die Höhe von 8,5 bringen. Die M-State-Elemente befinden sich in dem Ausfallprodukt. Man kann dann den pH-Wert auf 4 oder 5 senken, und das Ausfallprodukt wird sich wieder auflösen, aber die M-State-Elemente werden sich immer noch in der Flüssigkeit befinden.

Wenn Lauge in das Wasser, das diese M-State-Elemente in Lösung enthält, getropft wird, entstehen kleine Bereiche um den Aufprallpunkt der Laugentropfen, in denen die Konzentration an pH höher ist, als im restlichen Wasser. In diesen Gegenden wird sich schneller ein Ausfallprodukt bilden, als in den übrigen. Dies sind die kleinen Wölkchen, die dort entstehen, wo die Lauge auf das Wasser trifft.

Das Salz des Toten Meeres ist ein sehr gutes Experimentiermaterial, da es viel Ausfallprodukt erzeugt. Anderes Ausgangsmaterial scheint diese kleinen Wölkchen von Ausfallprodukten um die Lauge herum nicht zu erzeugen, dennoch wird M-State-Material ausfallen. Da es nicht so konzentriert ist, wie bei einem Produkt, das aus Salz des Toten Meeres gewonnen wird, kann man es nicht sehen.

Vorschlag für eine Methode zur Gewinnung von M-State-Material aus Meerwasser

Filtere das Wasser gleich dort, wo du es pumpst.

Am Verarbeitungsplatz koche das Wasser für 15 Minuten um es zu sterilisieren. Der Kochvorgang wird zudem die nachfolgende Reaktionsgeschwindigkeit erhöhen.

Füge unmittelbar nach dem Abkochen tropfenweise Lauge hinzu, wie in der Wet-Methode beschrieben.

Wasche das Ausfallprodukt mindestens 4-mal.

Falls das Endprodukt für längere Zeit aufbewahrt werden soll, koche es nocheinmal und stelle den Behälter in einen weiteren metallischen Behälter, um es vor elektromagnetischer Strahlung zu schützen.

Behältermaterial für die Dry-Methode

Glasgefäße und solche aus rostfreiem Stahl sind sicher, solange der pH-Wert nicht zu hoch oder zu niedrig ist. Wenn man das Material bei einem pH-Wert von 12 und darüber kocht und das für längere Zeit, so ist es besser, Polypropylen (PP), High Density Polyethylen (HDPE) oder Teflon (PTFE) zu benutzen. Glas ist in diesen Fällen nicht zu empfehlen, da die Lauge Silizium aus dem Glas herauslöst und damit das Ausfallprodukt verunreinigt.

Chlorid Methode

Diese Methode ist zur Herstellung eines in der Lösung befindlichen Chlorids gedacht, das aus dem weißen Ausfallprodukt gewonnen werden kann, welches durch die verschiedenen in diesem Dokument beschriebenen Methoden hergestellt wird.

Obwohl die Ausfallproduktmethode bei allen möglichen Heilungsprozessen zu wirken scheint, ist die Chlorid Methode in der Heilwirkung überlegen.

Nachdem du das Ausfallprodukt erzeugt und gewaschen hast, lasse den pH-Wert wiederum absinken, bis das gesamte Ausfallprodukt wieder in Lösung gegangen ist. Da dies ein sehr niedriger pH-Wert sein wird (möglicherweise unter 1), musst du danach den pH-Wert wieder auf ungefähr 3 erhöhen, und das sehr langsam, indem eine molare Lösung von Natronlauge im Verlaufe von 24 Stunden hinzugefügt wird.

Während du näher an den pH-Wert 3 herankommst, ist es sinnvoll, nur noch eine 1/10 molare Lösung zu verwenden. Es ist notwendig, einen gut kalibrierten pH-Meter zu verwenden, um die Messung hinreichend genau machen zu können. Es ist wichtig, den pH-Wert von 3 nicht zu überschreiten. Weiterhin sollte der pH-Wert für ungefähr 3 Stunden an diesem Punkt stabil bleiben. Das Geheimnis besteht darin, während dieser Zeit die Lösung frei von Ausfallprodukten zu halten. Falls sich doch Ausfallprodukte bilden, ist der pH-Wert zu schnell oder insgesamt zu hoch angestiegen.

Die Durchführung erfolgt ungefähr in der Geschwindigkeit von einem Teelöffel Gemisch in ein Glas destilliertes Wasser zweimal am Tag. Falls du nicht-destilliertes Wasser verwendest, so wird sich trotzdem ein Ausfallprodukt bilden.

Man mag sich fragen, ob diese etwas anstrengende Art und Weise den pH-Wert zu erhöhen, unbedingt notwendig ist, oder ob man auch einen bisschen ungenauer sein darf bei der Arbeit. Es muss jedoch genauso wie oben beschrieben vorgegangen werden. Die Person, die diese Methode entwickelt hat, macht es manuell über eine Zeitspanne von 24 Stunden. Die Natronlauge muss unter ständigem Rühren der Lösung hinzugefügt werden, um die Entstehung lokal erhöhter pH-Werte zu vermeiden. Eine akkurate Messung des pH-Wertes ist dabei absolut notwendig.

Ist es möglicherweise gleichwertig, genügend Natronlauge hinzuzufügen, um den pH-Wert auf 3 zu erhöhen und das Ganze dann für 24 Stunden stehen zu lassen?

Der einzige Grund, warum der pH-Wert konstant auf 3 gehalten werden muss, ist der, damit die Lösung ohne Gefahr für Leib und Leben oral eingenommen werden kann. Ein geringfügig niedrigerer pH-Wert in einer höheren Verdünnung funktioniert ebenso.

Bauanleitungen Rührer und Titrierer

Selbstbau-Titrierer für 5,- €

Abb. 5: der fertige Titrierer

Baue einen Titrierer für weniger als 5,- € und benutze als Werkzeug lediglich ein Taschenmesser.

Man benötigt zwei 60 ccm Einwegspritzen, ungefähr 15 cm durchsichtigen Kunststoffschlauch, einen alten Stift und ein Luftventil für ein Aquarium.

Teileliste:

Die Preise sind in Dollar, weil ich nicht recherchiert habe, was sie in Euroland im Sanitärhandel kosten. Es wird wohl ähnlich sein.

2 x 60 ml Spritzen	$1.30 pro Stk..
Aquarium Luftventil (Second Nature, Whisper Air Control System, Single Valve #56001)	$2.75 - $3.50 pro Stk.
4" PVC oder Silikon Aquariumschlauch	$0.50
Alter Kugelschreiber	---
Gesamt	$6.60

Abb. 6 Titrierer, Bauteile

Das Ventil und den Schlauch bekommt man im Aquarium- bzw. Zoohandel. Die Spritzen können in einer Apotheke bezogen werden.

Zusammenbau:

Entferne die Kolben aus den beiden Spritzen. Nehme eine der beiden Spritzen und schneide die beiden Endteile mit dem Taschenmesser oder mit einer großen Schere ab.

Jetzt zeichne eine gerade Linie von einem bis zum anderen Ende der Spritze und schneide mit einem scharfen Messer entlang dieser gezeichneten Linie. Dieses Teil ist das 2. Teil von links in der Abbildung.

Jetzt dehne dieses Teil so, dass es über die andere noch intakte Spritze gestülpt werden kann.

Zerschneide den Kunststoffschlauch in drei Stücke; zwei zu je 6 cm und eines mit 3 cm Länge.

Die Montage erfolgt gemäß Abb. 7.

Bohrmaschinenangetriebene Rührmaschine für 20,- €

Diese Rührmaschine ist geeignet, um Flüssigkeiten in Behältern zu rühren, die zwischen 1 und 128 Litern fassen.
Die Preise sind in Dollar und werden in Euro wohl ähnlich sein.

Teileliste

5 - 1 ¼" PVC Winkel	$1.09	$4.36
2 - 1 ¼" PVC T-Stücke	$1.19	$3.57
1 - 1 ¼ mal 10 Fuß PVC Rohr	$3.29	$3.29
2 - 4" Durchmesser Schlauchklemme	$1.09	$2.18
1 Hyde (43460) Plastik Farbmischer	$2.69	$2.69
1 Dose PVC Kleber	$2.29	$2.29
Zusammen	S	$18.38

Die Bauanleitung ist durch die Abbildungen. 8, 9 und 10 erläutert.

DNS-Reparatur und Gesundheit

Es scheint, als ob der Schlüssel zur Langlebigkeit im Reparaturmechanismus der DNS liegen würde. Sich anhäufende Schäden im Genom werden für einen ausschlaggebenden Altersfaktor gehalten. Sie werden auch für AIDS, Krebs und andere degenerative Krankheiten mitverantwortlich gemacht. David Hudson behauptet in seinen Vorträgen, dass Ormus zur Rückentwicklung von Krebs und anderen Krankheiten beigetragen hätte. Hudson schlägt vor, dass diese Wirkung auf DNS-Reparaturmechanismen beruht, die von Ormus unterstützt würden. Es folgt ein Zitat aus dem David Hudson Portland Vortrag:

„Sie behaupten, dass es die Körperzellen perfektioniert. Ich kann euch morgen *Bristol-Myers-Squibb*[26] Forschungsergebnisse zeigen, die belegen, dass dieses Material mit der DNS interagiert, sie korrigiert. All die Schäden, die Bestrahlung und Krebs hervorgerufen haben, werden mit Hilfe von Ormus innerhalb der Zelle behoben. Sie reagieren nicht chemisch mit dem Zellinhalt, sie reparieren nur die DNS.

Dieses Material ist nicht anti-irgendwas. Es ist nicht anti-AIDS oder anti-Krebs. Es ist pro-Leben. Es ist buchstäblich der Spirit (heilige Geist). Dieses Material existiert nicht, um AIDS oder Krebs zu kurieren, es ist hier, um unsere Körper zu perfektionieren. Unser eigenes Immunsystem kuriert uns. Wenn du den Schaden beheben kannst, der von AIDS und Krebs hervorgerufen wurde, dann kannst du auch buchstäblich das perfekte Wesen werden. Du wirst in den Zustand zurückkehren, in dem du ursprünglich zu sein gedacht warst."

Und hier ein weiterer Auszug aus dem David Hudson Vortrag aus Dallas / Texas:

„Was tut es im Körper? Es korrigiert buchstäblich die DNS in einem Prozess, der dem natürlichen Entspiralisieren und fehlerfreien Rekombinieren entspricht. Dadurch können alle Krankheiten, die ihre Ursache in fehlerhafter DNS haben, geheilt werden. Aber der Grund für die Einnahme von Ormus kann nicht der Wunsch nach körperlicher Heilung sein, es muss ein philosophischer Grund sein, der Wunsch nach Erleuchtung und der Besserung der Menschheit. Wenn es denn dabei auch Krankheiten heilt, umso besser.

Es ist nun so, dass Dan Winter gesagt hat, dass der Nukleus bzw. die DNS mit Frequenzen interagieren. Also, Leute, die mit Musik arbeiten, behaupten, sie würde die Seele beruhigen. Sie fragen, kann es sein, dass Musik die DNS beeinflusst? Ich glaube nicht, ich denke, die Frequenz, die du erzeugen willst, ist so hoch, dass sogar unsere Quantenphysiker sie (die Planck-Frequenz) nicht erzeugen können. Aber diese Frequenz ist es, die mit der DNS in der Zelle interagiert. Es ist die Gott-Kraft oder die Schöpfervibration, die Energie, die überall zeitlos im Universum existiert und eine summarische elektromagnetische Nullrechnung ergibt. Also, um welche Frequenz handelt es sich? Das ist nicht wichtig, es sind zwei Wellenformen, gleichartig und gegensätzlich. Es ist alles in Dan Winters Buch, an dessen Titel ich mich gerade nicht erinnern kann[27].

Das Immunsystem ist von DNS-Schäden auch betroffen. Wir nehmen an, dass jede Krankheit, die auf Schädigung des Immunsystems oder der DNS zurückzuführen ist, durch Ormus-Einnahme positiv beeinflusst werden kann.

Dies unterstützt ein kürzlich erschienener *Associated Press* Artikel, in dem über die Entdeckung eines „Altersgens" genannt „WRN" berichtet wird:

„Es scheint eine vitale Rolle zu spielen, wie sich die DNS dupliziert und repariert. Das wird schon lange als ein Faktor des Alterungsprozesses angesehen. Normales WRN steuert die Produktion von Helicasen. Dieses Enzym bewirkt, dass sich die DNS zur Reduplikation oder zwecks Reparatur entspiralisiert. Falls das WRN Gen beschädigt ist, kann die DNS nicht richtig entspiralisieren. Dadurch wird der Ersatz defekter Zellen durch gesunde bzw. die Reparatur defekter DNS Teile verhindert."

Drei kürzlich erschienene wissenschaftliche Aufsätze weisen darauf hin, dass Elemente aus der Platin-Gruppe bei der DNS Reparatur eine Rolle spielen[28].

Biophysikalische Studien über die Veränderung von DNS durch Anti-Tumor „Platin-Koordinations-Komplexe"

Die Veränderung von DNS durch CIS-Platin[29] wurde untersucht. Anti-Tumor aktive Pt-Verbindungen lösen in DNS lokale Strukturveränderungen auf niedrigen Bindungsebenen aus. Diese haben die Eigenschaft nicht-denaturierender Veränderungen. Die DNS Veränderungen entstehen durch die Erzeugung von inter-Strang-Verknüpfungen.

Zitiert aus: Scientific American, Mai 1995, *David Paterson*, S.235

Die Forscher beobachteten kurze DNS-Doppelhelix-Stücke, die jeweils am Strangende ein Ruthenium-Atom haben. *Meade und Kayyem* schätzten auf der Basis früherer Studien, dass ein solches DNS-Stück eine Leitfähigkeit im Bereich von 100 Elektronen/Sekunde haben sollte. Ihre Verwunderung war groß, als sie feststellen mussten, dass der Durchleitfaktor ca. 10.000-mal so hoch war. Die Helix benahm sich wie ein Stück Leiterdraht.

Seit einiger Zeit vermuteten Chemiker, dass die Doppelspirale einen hochleitfähigen Strompfad entlang der Achse des Moleküls erzeugt, der in einem Einzelstrang nicht vorkommt. Die obigen Beobachtungen scheinen das zu bestätigen. S.33-34

Matti Pitkanen, ein theoretischer Physiker aus Finnland, schrieb dazu:

„In *Science, Vol. 275, 7. März 1997* erschien ein sehr interessanter Artikel von Barton et al.
Diese Gruppe hat von 1993-1997 Versuche zur Leitfähigkeit der Doppelhelix durchgeführt. Sie kamen zu dem Schluss, dass die Doppelhelix „Chemie auf Distanz" bewirken kann. Ein DNS-Molekül, dem eine künstliche (chemische) Gruppe an einem Ende angeknüpft wird, kann viel weiter unten in der Helix eine Veränderung auslösen, die einer Reparatur des DNS-Stücks dort entspricht."

DNS als elektrischer Leiter statt als Isolator

Anscheinend laufen Elektronen ohne großen Widerstand entlang dem DNS Molekül. Typischerweise besteht das Experiment aus Elektronenspender und Elektronenempfänger, die durch weite Strecken auf dem DNS Molekül getrennt sind. Wenn der Empfänger bestrahlt wird, geht er in einen angeregten Zustand über und der Elektronenfluss von Spender zum Empfänger beginnt.

„Normale" Wissenschaft würde uns sagen, dass dies nicht möglich ist. Der Fluss sollte via Quanten-Tunnelling zwischen benachbarten DNS-Bausteinen fließen und mit der Entfernung stark abnehmen.

Für Proteine wurde dies nachgewiesen. In DNS-Experimenten wurde jedoch eine Entfernungsunabhängigkeit beobachtet.

Es gibt eine Theorie, die besagt, dass der Stromfluss im Inneren der Doppelhelix stattfindet. Das ist der Bereich, in dem sich die komplementären Basenpaare treffen. Das Elektron würde innerhalb des Basenringes delokalisiert und einen Stapel entlang der Molekülachse bilden. Das wäre zwar auch Tunnelling, aber die Tunnellingwahrscheinlichkeit wäre so groß, dass die Distanzabhängigkeit sehr klein wäre. Die Kritiker Bartons argumentieren, dass dieses Modell nicht alle Ergebnisse ihrer Versuche erklärt und dass es überdies im Widerspruch zu elementarer Biochemie stehe: „Schon normales Sonnenlicht würde dann einschneidende Wirkung auf uns haben." Barton gibt zu, dass der Wirkmechanismus von ihr nicht verstanden wird.[30]

Ein TGD-basierender Erklärungsansatz, der auf dem „Exotic Atom Concept" basiert:

TGD (Topological Geometro-Dynamics – eine Alternative zu Teilen der klassischen Quantenphysik) schlägt eine Erklärung der Ormus-Funktion vor, die sich der nah verwandten Denkmodelle „Exotic Atom" und „Charged Wormhole" bedienen. Diese wiederum basieren auf der Annahme eines vielschichtigen Raumzeit-Kontinuums.

Ein Exotic Atom entsteht, wenn eines oder mehrere Valenzelektronen eines normalen Atoms aus unserer Raumzeit in einen übergeordneten Raum hinüberwechseln. Letzter hat vergleichsweise bzw. bildhaft die Form einer Helix. Daraus folgt unmittelbar, dass Charged Wormholes entstehen, die den elektromagnetischen Gauge Fluss (siehe: Gauge Theories) in die übergeordnete Region erlauben. Dies führt zu delokalisierten Elektronen, die wiederum zu einer niedrigeren „Ground State"-Energie führen. An dem Modell ist wichtig, dass sich die Elektronen im übergeordneten Raumzeit-Kontinuum effektiv in leerem Raum bewegen – was zu widerstandslosem elektrischem Fluss führt.

Geladene Wurmlöcher (Charged Wormholes) können auch zu Supraleitfähigkeit führen: In diesem Modell werden Photonen durch angeregte „Wurmloch Bose-Einstein-Kondensate" ersetzt. Es ist noch zu früh, um sagen zu können, ob Supraleitfähigkeit in Frage kommt und ob dieses Modell zur Erklärung geeignet ist.

In den Experimenten der Barton Gruppe sind typischerweise Rhodium und Ruthenium die Spender und Empfänger der Elektronen. Beide haben ungepaarte 5s Elektronen (Unterschalen werden in der Reihenfolge 1s, 2s, 3s, 4s, 3d, 4p, 5s usw. aufgefüllt). Diese würden in das übergeordnete Kontinuum wechseln und damit Stromfluss auslösen. In einigen Experimenten, bei denen organische Spendermoleküle verwendet wurden, konnte der Effekt nicht dupliziert werden, aber dafür gibt es eine Reihe möglicher Erklärungen[31].

David Hudson behauptet, verschiedenen Ärzten Ormus zur Behandlung von Krebspatienten zur Verfügung gestellt zu haben. Nach Hudson haben die meisten der Patienten sich erholt und zeigten Anzeichen dafür, dass sich das Tumorgewebe von bösartig in gutartig gewandelt hat. Dabei sollen die Tumore zuerst größer geworden sein, da normales Gewebe weniger dicht ist als Krebsgewebe und sich der Tumor daher bei der Umwandlung ausdehnt.

Im seinem Vortrag in Ashland, Oregon sagte Hudson:

„Wenn man Rhodium und Iridium zu sich nimmt, scheint der Tumor in den ersten 3-4 Wochen zu wachsen. Nachdem die Biopsie gezeigt hat, dass du einen (malignen) Tumor hast, wird die Magnet-Resonanz-Abbildung (MRI) anzeigen, dass der Tumor wächst, was die Leute wirklich ängstigt. Aber was sie verstehen sollten ist, dass sich der Tumor bei der Umwandlung in gutartiges Gewebe ausdehnt. Das nennen die Mediziner „Nekrose". Nach 60 Tagen zeigt eine erneute Biopsie, dass es kein Krebs mehr ist. Es ist jetzt ein gutartiger Tumor. Und die Ärzte, die diesen Tumor entfernen, wundern sich über seine Verwandlung. Das ist in Ordnung. Es braucht eineinhalb Jahre, um die Tumormasse abzubauen.

Wenn man also Gehirntumore hat, empfehle ich, kein Ormus zu nehmen. Da sich die Hirnschale nicht ausdehnt, kann die Tumorvergrößerung zu Komplikationen führen. Die Schulmedizin implantiert Leuten gern radioaktive Iridium-Kügelchen. Sie wirken, brauchen dafür aber nicht radioaktiv zu sein. Da die Schulmedizin das aber so nicht akzeptieren würde, nehmen sie radioaktive Kügelchen. Die Chirurgen warten dann, bis der Tumor sich soweit verkleinert hat, dass er entfernt werden kann. Meine Empfehlung ist aber dennoch, wegen des Raumproblems im Kopf bei Hirntumoren vorsichtig zu sein."

Hudson hat auch behauptet, er hätte dem NIH (National Institute of Health) Ormus für in-vitro Versuche zur Verfügung gestellt. Hierbei scheint es sich widersprechende Ergebnisse gegeben zu haben. In diesen Studien scheinen die Krebs-Gewebeproben nicht zu normalem Gewebe zu mutieren, sondern einfach nur noch wirksamer zu wachsen (als Krebs). Er schreibt dazu in seinem Juli/August 1996 Newsletter unter der Überschrift „Jetzt zur Forschung":

„Das NIH hat Krebszellentests ausgeführt; sechs verschiedene an Leukämie ohne direkte Wirkung des Rhodiums. Neun Typen des „none-small-cell" Lungenkrebses wurden getestet, wobei nur in einem Fall das Rhodium zu einem Rückgang der Krebszellen führte, das war NCI-H23. Sieben Varianten des Dickdarmkrebses wurden ohne positives Ergebnis getestet, sowie auch sechs Typen CNS-Krebs.

Acht Varianten des Irialanoma wurden getestet, und nur bei einem Typ, LOX

IMVI, einem Melanom, wurde ein dramatischer Rückgang des Wachstums in Anwesenheit von Rhodium beobachtet.

Sechs Eierstockkrebs-Typen, sechs Enddarmkrebse, zwei Sorten Prostatakrebs, sowie acht Varianten Brustkrebs zeigten keinerlei Beeinflussung durch Rhodium.

Es sollte verstanden werden, dass dies keine Tests an menschlichen Probanden waren. Mögliche Interaktionen mit dem Thymus oder anderen Organen des lebenden Körpers sowie Veränderungen der weißen Blutkörperchen, T-Zellen usw. konnten nicht gemessen werden. Es wurde nur die direkte Einflussnahme auf in-vitro Zellkulturen festgestellt.

Zusätzliche Untersuchungen wurden in N.Y. an PC3-unabhängigen Prostatakrebszellen durchgeführt. Mit zwei, vier und zehn Mikrogramm pro Milliliter Rhodium-Ormus wurde die DNS Synthese gefördert (gemessen anhand von Tymidineinbau). Zellwachstum und Zellgesundheit wurden verbessert, also ist Rhodium-Ormus nicht giftig, es fördert im Gegenteil das Wachstum der Krebszellen.

Gleiche Ergebnisse brachten die Versuche mit Mink Lungenepithelzellen. Der Tymidineinbau nahm von 7000 cpm auf 20.000 cpm zu.

In PC3-Zellen bewirkte Rhodium-Ormus das Fallen der Konzentration von m-RNS, Cytokinen und Peptiden. Das korreliert mit den zunehmenden Wachstumsraten der Zellen. Cytokine hemmen das Zellwachstum und treten bei Entzündungen verstärkt auf. Es ist daher möglich, dass Ormus entzündungshemmend wirkt.

An der Universität von Illinois wurde die potentielle Zellgiftigkeit von Ormus mit acht verschiedenen Zellfamilien getestet. Bis zu 20 Mikrogramm/Milliliter zeigte sich keinerlei Giftigkeit. Rhodium Ormus ist also ungiftig. Es hat sich wohl herausgestellt, dass Rhodium-Ormus Krebszellen nicht abtötet, es werden in diesem Zusammenhang zur Zeit neue Mechanismen, die bisher in der Krebsforschung nicht beachtet wurden, erforscht."

Zusammenfassung:

Rhodium-Ormus ist auch in hoher Konzentration ungiftig. Die Anti-Krebs-Wirkung kann deshalb nicht auf der Abtötung von Krebszellen beruhen.

Die Wirkung auf verschiedene Krebstypen ist sehr spezifisch. Es blockiert das

Wachstum von Leberkrebszellen und H23-Prostatakrebszellen, aber nicht das Wachstum anderer Typen. Bei einigen beschleunigt es das Wachstum in-vitro sogar (PC3 und Mink), wobei es dort anti-entzündliche Wirkung durch Cytokin Blockade zeigt.

Die Implikationen dieser Testergebnisse sollten weiter untersucht werden.

Falls sich herausstellt, dass Ormus in vivo Krebs in normale Zellen zurückverwandelt, dies aber in-vitro nicht kann, muss es einen Faktor im lebenden Organismus geben, der in der Petrischale fehlt.

Ein Herr mit dem Namen „Gary", der sich selbst als „Kundalini-erwachter amerikanischer Ingenieur" bezeichnet, beschreibt seine Theorie dazu wie folgt:

„Bezüglich Hudsons negativen Ergebnissen mit in-vitro Krebszellkulturen ist folgendes anzumerken: Zellkulturen verhalten sich anders als ihre in-vivo Gegenstücke aufgrund von Prozessen, die Kundalinienergie umfassen. Zellkulturen enthalten Prana, aber keine Nadis und keine Kundalinienergie. Letztere aber steuert die Verwendung von Ormus in Geweben. Daher kann Ormus in reinen Kulturen auch kaum wirken.

Manche Leute fragen sich, wie ein einmal beschädigter DNS-Strang (wenn auch sein Komplement beschädigt ist) überhaupt wieder in seine Originalform überführt werden kann. Wie kann Ormus (oder irgendetwas anderes) wissen, wie Sequenzfehler korrigiert werden sollen, wenn keine feststoffliche Originalvorlage mehr vorhanden ist?

Jeder Mensch hat ein „Ätherisches Doppel", das mit dem Körper innewohnenden Bewusstsein verknüpft ist. Dies ist ein von der „Seele" separates Bewusstsein, das aller Materie innewohnt. Unabhängig von der Beschädigung der DNS auf materieller Ebene bleibt die ätherische Matrize davon unbetroffen. Es kann energetisch geschwächt sein, aber nie in seiner Form verändert (beschädigt) werden. Es ist diese vorbestimmende energetische Struktur, um die herum der Fötus sich entwickelt (genomic Expression). Jedes Molekül auf materieller Ebene hat ein subtiles Gegenstück. Man kann dies sehr schön mit der Kirlian Fotografie beobachten. Physisch fehlende Blattstücke z. B. sind auf Kirlian-Fotoplatten zu sehen.

Kundalini und Ormus arbeiten beide in den 4-dimensionalen astralen Ebenen, wo die unverfälschte DNS-Matrize jederzeit verfügbar ist. Diese subtilen Strukturen liegen sozusagen überlagernd unmittelbar auf den physischen Gegenstücken, so dass Reparaturvorlagen zellulär immer und überall verfügbar sind. Es gibt diverse DNS-Reparaturmechanismen. Das Ormus wird von der DNase, Polymerase, Endonuklease und anderen Enzymen zur Resonanzübertragung von der subtilen auf die physische Matrix genutzt.

In Zellkulturen dagegen fehlt die organisierende Kraft der Kundalinienergie. Obwohl die subtile Vorlage der Zelle selbst vorhanden ist, fehlt die integrierende Kraft der Gesamtvorlage für das Gewebe bzw. den Körper. Die zellulären Reparaturmechanismen laufen unter solchen Bedingungen weitgehend ins Leere. Versuche mit lebenden Labortieren sollten weit bessere Ergebnisse liefern."

Zusammengefasst vertritt Gary die Auffassung, dass eine nicht-physische Vorlage existiert, die der physischen DNS mittels Ormus und den entsprechenden Enzymen zur Reparatur verhilft.

Lasst uns dieses Konzept näher beleuchten!

Viele anerkannte moderne Wissenschaftler postulieren, dass die physische Welt ihren Ursprung in einer Art nicht-physischem Informationsfeld hat.

Der bekannte Physiker *David Bohm* nimmt an, dass Zeit, Raum und Materie aus einer Art angefülltem Raum, den er „implizite Ordnung" nennt, entstehen. Weiterhin wird dieser Entstehungsprozess von einer intelligenten Kraft geleitet, die er „super-implizite Ordnung" nennt[32].

Wie könnte die Kommunikation zwischen impliziter Ordnung und physischer Realität vonstatten gehen?

Quanten-Kohärenz

Quantenphysiker behaupten, dass Kommunikation zwischen physischer und nicht-physischer Realität mittels sog. „Quanten-Kohärenz" stattfindet. In speziellen Umständen, wie z.B. bei Supraleitfähigkeit oder Laserlicht, nimmt man an, dass sich Teilchenhaufen kohärent verhalten, d.h. wie ein einziges Teilchen. Diese kohärenten Teilchenhaufen zeigen dann Quanten-Eigenschaften wie z.B. Nichtlokalität, wobei eine Kraft, die auf ein einzelnes Teilchen wirkt, ohne Zeitverlust auf ein anderes, quantengekoppeltes Teilchen wirkt, das Lichtjahre entfernt sein kann. Dies ist sofortige, verzögerungsfreie Kommunikation.

Bis vor kurzem nahm man an, dass Quanten-Kohärenz nur unter schwer zu erzeugenden Bedingungen möglich sein würde, z.B. sehr tiefen Temperaturen (für Supraleitfähigkeit) oder mit speziellen Spiegeln (im Falle der Laser). Kürzlich jedoch hat eine Gruppe von Forschern auf das Auftreten von Quanten-Kohärenz in biologischen Systemen hingewiesen.

Dr. Mae-Wan Ho[33] schreibt über Quanten-Kohärenz und Bewusstsein:

„Ich schlage vor, dass Quanten-Kohärenz die Grundlage für alle lebenden Organismen darstellt und dass sie ebenso für bewusste Erfahrung ursächlich ist, unsere „Einheit der Absichtserzeugung", unser „Ich".

Sie ist die Grundlage der gleichzeitigen Verbindung und Zerteilung von Elementen der Wahrnehmung sowie die verteilte holografische Natur des Gedächtnisses, sowie die charakteristischen Merkmale eines jeden erfahrenen Moments."[34]

Aber gibt es auch Hinweise dafür, dass Quanten-Kohärenz an einem weitreichenden Netzwerk beteiligt ist, das über den Einzelkörper hinausgeht? In ihrem Aufsatz „Gaia and the Evolution of Coherence"[35] schlägt Dr. Ho vor, dass Quanten-Kohärenz die Grundlage aller Kommunikation zwischen allen Spezies der Erde ist:

„Und damit erscheint es, als wenn die Essenz allen Lebens bzw. des „lebendig Seins" der Aufbau und die Ausdehnung eines kohärenten raum-zeitlichen Kontinuums zu sein scheint, was wohl mit der Absorption von Sonnenlicht durch grüne Pflanzen begonnen hat. Lebende Systeme sind demnach weder nur Subjekte noch isolierte Objekte, sondern beides, in einem Universum der gleichberechtigten Verständigung.

Im Gegensatz zur neo-darwinistischen Theorie beruht die Evolution nicht auf Stärke, sondern auf der Fähigkeit, zu kommunizieren.
Gewissermaßen sind es nicht Individuen, die sich weiterentwickeln, sondern lebende Systeme, die zu einem gemeinsam funktionierenden Ganzen verbunden sind.

Wie die Zellen in einem Organismus verschiedenste Aufgaben übernehmen, so haben verschiedene Populationen die Aufgabe, Informationen nicht nur für sich selbst, sondern zum Vorteil aller zu sammeln, wobei das Bewusstsein als Ganzes ausgedehnt wird und das individuelle Bewusstsein sich mehr und mehr des ganzen quasi kollektiven Bewusstseins bewusst wird.

Das menschliche Bewusstsein mag seine höchste Rolle in der Entwicklung und dem kreativen Ausdruck des kollektiven Bewusstseins der Natur finden."

In ihrem Aufsatz postuliert sie weiterhin:

„Organismen sind daher Sender und sehr wahrscheinlich auch Empfänger kohärenter elektromagnetischer Signale, die für die einwandfreie Funktion ersterer von höchster Wichtigkeit sein könnten."

Dr. Philip Callahan ist ein Insektenkundler (Entomologe), der während der letzten fünfzig Jahre an kohärenter elektromagnetischer Kommunikation geforscht hat.

Er hat einen Doktortitel in Entomologie und dazu ca. 1.600 Stunden Training in Elektronik. Durch die Kombination dieser Fachgebiete konnte er einige interessante Theorien aufstellen, die er durch experimentelle Daten stützt.

Eine seiner Theorien besagt, dass Insektenantennen di-elektrische offene Resonatoren im Infrarotbereich sind[36].

Einige Teile der Arbeit von Dr. Callahan deuten auf Kohärenzphänomene, die allen lebenden Systemen innewohnen:

„Sowie das Konzept der kohärenten Energiekopplung in selbstorganisierenden biologischen Systemen tiefgreifend verstanden wurde, kann vorhergesagt werden, dass kohärente Signale im UV Bereich (Virus- und Membranbereich) und im sichtbaren und infraroten Bereich (Zellen, Organellen und Insektenantennen) für die Erzeugung von Resonanz genutzt werden, welche wiederum zur Bekämpfung von Krankheiten wie Krebs und AIDS (HIV und andere Viren im Bereich von 0,1mm) nutzen, indem sie deren tödliche Signale neutralisieren."

Ein anderes Phänomen, das mit Kohärenz assoziiert wird, ist Supraleitfähigkeit. Die Suche nach Materialien, die Supraleitfähigkeit bei Zimmertemperatur ermöglichen, ist einer der „Heiligen Grale" der Physik.

Es gibt aber starke Hinweise, dass Supraleitfähigkeit in biologischen Systemen ständig vorhanden ist. In dem Aufsatz „Gaia and the Evolution of Coherence" (s. o.) schreibt *Dr. Ho*:

„Vor kurzem hat die Technik es ermöglicht, Supraleitfähigkeit bei Temperaturen weit über dem absoluten Nullpunkt zu ermöglichen. Der Feststoffphysiker *Herbert Fröhlich* war 1968 unter den ersten, die darauf hinwiesen, dass so etwas wie die Kondensation in einen kollektiven Aktivitätsmodus in lebenden Systemen entstehen könnte, wodurch lebende Systeme zu Supraleitern bei Raumtemperatur würden.

Er bemerkte, dass in Metabolismus erzeugte Energie, anstatt als Abwärme verloren zu gehen, in kohärenten elektromagnetischen Schwingungen erhalten bleibt. Er nannte das „kohärente Erregung".

In den letzten Jahren sind einige interessante Arbeiten veröffentlicht worden, die sich mit Supraleitfähigkeit in biologischen Systemen befassen[37].

Wie könnte quantenkohärente Kommunikation im Körper wirken? In ihrem Buch „The Rainbow and the Worm" [38] schreibt *Mae-Wan Ho*:

„Die kollagene flüssig-kristalline Mesophase im Bindegewebe mit dem dazugehörenden strukturierten Wasser stellt ein hochempfindliches Halbleitermedium dar, das sich durch den gesamten Organismus zieht.

Dieses Netzwerk ist direkt mit den einzelnen Zellen über Proteine verbunden, welche die Zellmembran passieren können. Diese verbindenden Gewebe- und intrazellulären Matrices bilden sowohl ein globales „Tensegrity" System[39] als auch ein elektrisches Kontinuum für schnelle Kommunikation über den Bereich des ganzen Körpers."

Weiterhin:

„Sofortige nicht-lokale Koordination von Körperfunktionen wird nicht durch das Nervensystem bewirkt, sondern über das „Körperbewusstsein", das durch das flüssigkristalline Kontinuum repräsentiert wird. Dies beinhaltet automatisch, dass lebende Systeme eine ihnen eigene Kohärenz entfalten, die typisch ist für makroskopische Quantensysteme."

Weiterhin:

„Ich habe behauptet, dass Quantenkohärenz die Grundlage für bewusste Wahrnehmung ist. So kommunizieren entfernt gelegene Hirnteile non-local und so funktioniert das gleichzeitige Erkennen des Gesamtbildes und wichtiger Teilbilder in unserem Sehfeld. Vielen ist aufgefallen, dass das Gedächtnis eine holografische Natur hat, indem es den Ausfall großer Teile, z.B. chirurgische Entfernung bei Verletzung, gut kompensieren kann. Gedächtnisinhalte werden also non-local über das ganze Gehirn verteilt gespeichert, evtl. sogar über die ganze Flüssigkristall-Matrix des Körpers, der so als holografisches Speichermedium dienen würde."

Ervin Laszlo, Philosoph und Systemtheoretiker, hat vor kurzem vorgeschlagen, dass Erinnerungen in einem allumgebenden, nicht-lokalen, kollektiven quantenholografischen Gedächtnisfeld gespeichert werden, aus dem sie bei Bedarf vom Gehirn des Individuums abgerufen werden. Dies stimmt überein mit der eher romantischen Annahme, dass alles in der Natur miteinander verbunden ist, und dass Getrenntheit auf Illusion basiert.

Optische Kohärenz wurde in Microtubuli beobachtet. *Roger Penrose* hat daraus eine interessante Theorie abgeleitet, nach der Entscheidungen getroffen werden, indem die Wellenfunktionen unbestimmter Quantenzustände innerhalb der Microtubuli kollabieren und damit definierte Zustände hervorrufen. Damit wird das gleichzeitige Existieren paralleler Universen in der Wahrnehmung verhindert (Eigenstates wählen). Zusammen mit *Stuart Hameroff*, einem Anesthäsisten, schrieb er ein Buch darüber[40].

Dabei geht es um 3 Vorschläge, in denen strukturiertes Wasser eine Rolle spielt:

- Optische Quantenkohärenz in Microtubuli (Superradiance)
- Zelluläre Sehfähigkeit (Cellular Vision)
- Trennung der Microtubuli von der Inkohärenz der Umgebung

Sowohl optische Kohärenz als auch Supraleitfähigkeit wurden demnach in biologischen Systemen festgestellt. Aber wie hängt das zusammen mit Ormus und DNS Reparatur?

Es scheint, als wenn Ormus sowohl optische Kohärenz als auch Supraleitfähigkeit in biologischen Systemen unterstützt. Ich glaube, ich kann Levitation durch supraleit-magnetische Induktion auf meinem Küchentisch vorweisen. Ich habe das in einem kurzen Video dokumentiert[41].

Ich habe mich ausführlich mit *Dr. Callahan* über Ormus unterhalten und wir stimmen darin überein, dass diese Substanzgruppe den grundlegenden Mechanismus darstellt, auf dem alle kohärenten Kopplungsphänomene beruhen.

Dr. Callahan hat experimentell nachgewiesen, dass kohärente Kopplungsphänomene Pflanzen mit ihrer Umgebung verbinden. Er nimmt an, dass paramagnetische Erde dabei eine Rolle spielt. Man kann das in seinem Buch „Paramagnetism - Rediscovering Nature's Secret Force of Growth" nachlesen.

In seinem Buch erklärt er, dass paramagnetische Eigenschaften der Erde von der Pflanze assimiliert werden und dabei diamagnetisch werden. Aber wenn die Pflanzen sterben, verbrennen oder verrotten, wird die Asche wiederum paramagnetisch. Etwas Ähnliches beobachten wir bei Ormus, das je nach Bewegung in einem Magnetfeld dia- oder paramagnetisch sein kann.

Aufgrund dieses Wirkprinzips haben wir Magnetfallen gebaut, um die eher diamagnetischen Wasseranteile zu konzentrieren. Designstudien sind im Web zu finden[42]. (Siehe Anhang)

Ein australischer Geologe mit Namen *Kevin Massman* hat mit Hilfe von Magnetfallen Ormus aus der Luft extrahieren können. Er hat auch festgestellt, dass Tau bei Vollmond mehr Ormus enthält als zu anderen Zeiten. Hinweise sind vom Autor Kevin Massman erhältlich.

Eine 52 jährige Frau hat über Jahre im Internet detailliert Tagebuch geführt, während sie Ormus einnahm[43].

Und was ist nun der DNS Reparaturmechanismus?

Cis-Platin und die Ormus-Elemente

Krebszellen haben beschädigte DNS. Cis-Platin ist eine sehr häufig angewendete Krebs-Chemotherapie. Es tötet selektiv sich schnell vermehrende Zellen, indem es deren DNS ausreichend schädigt, um Zell-Selbstmord (Apoptose) auszulösen.

Manchmal jedoch entwickeln Krebszellen eine Art Immunität gegen Cis-Platin. Dann sieht es so aus, als wenn es plötzlich die DNS reparieren würde, anstatt sie zu schädigen. Mit anderen Worten, Cis-Platin kann beides, schädigen und reparieren.

Leider repariert das Cis-Platin die Krebszellen nicht gemäß der gesunden Vorlage sondern orientiert sich an der geschädigten Krebsvorlage. Die Ormus-Form von Cis-Platin dagegen scheint Krebszellen in heile und gesunde Zellen umzuwandeln.

Meine Theorie, wie das geschieht, lautet folgendermaßen:

Cis-Platin ist eine kleine „Cluster"- (Häufchen) Platin-Metallverbindung. Ich glaube, dass es möglich ist, die Platin-Gruppen Elemente (PGE) in einen mono-atomaren oder diatomaren Zustand zu bringen, der nicht-metallisch ist und sich durch Cooper-Paarung der Elektronen sowie bestimmten bosonischen Verhaltensweisen auszeichnet.

In diesem Cooper-Paarungs-Zustand können die PGE nicht länger Verbindun-gen eingehen, weil ihre Elektronen gepaart sind, und das macht sie als Valenz-elektronen unverfügbar. Aber sie können untereinander per Resonanz-Kopplung kommunizieren und dadurch auch in „normale" chemische Prozesse eingreifen, z.B. wird vermutet, dass sie in diesem Zustand starke Katalysatoren sind.

Resonanz-Kopplung zwischen Supraleitern geschieht über den Meißner-Effekt. Im Falle von Ormus müsste dieser Effekt in lebenden Organismen bei Raum-temperatur nachweisbar sein. Die vorangehend genannten Versuche sowie die Wirkung der o. a. Magnetfallen weisen auf den Meißner Effekt hin.

Ich glaube, dass Resonanz-Kopplung zwischen supraleitenden Ormus-Elementen die Informationsübertragung zwischen gesunder und kranker DNS in Krebszellen bewirkt. Wie auch Cis-Platin können sie die DNS durch Ablesen der feinstofflichen Vorlage reparieren, wobei sie sich im Gegensatz zu Cis-Platin der gesunden Vorlagenversion bedienen.

Falls, wie *David Bohm, Rupert Sheldrake, Mae-Wan Ho, Philip Callahan* und noch weitere Wissenschaftler behaupten, es ein feinstoffliches Informationsfeld gibt, dann kann die Feldinformation mittels Ormus (und den passenden funktionel-len Eiweißen) auf die physischen DNS-Komponenten übertragen werden. Ich vermute zudem, dass dieses Feld mehr umfasst, als nur das Meißner-Feld und dass die zusätzlichen Komponenten der Wissenschaft bisher unbekannt sind.

Diese Theorie macht eine „holistischere" Krebsbehandlung möglich, als diejeni-ge, die bisher in der Medizin Anwendung findet und auf Abtöten der Krebs-zellen hinzielt. In meinem Modell werden die Krebszellen wieder zu gesunden, normalen Körpergewebszellen.

Wir haben überzeugende Hinweise dafür, dass M-State-PGE im Körper vor-kommen. Gemäß David Hudson besteht die Gehirnmasse aus 5% Ormus Rho-dium und Iridium- Diese kommen dazu gehäuft in natürlichen Krebsmitteln vor wie z.B. Aloe Vera (Produktname: Acemennen: 90% Rhodium + Iridium Anteil in der Trockenmasse) sowie Karotten, die auf vulkanischem Boden gezogen werden (0,5% Anteil in der Trockenmasse).

David Hudson hat diversen Krebsärzten Ormus zu Versuchszwecken mit großem Erfolg zur Verfügung gestellt. Dabei wurde festgestellt, dass sich Krebsgewebe in gutartiges Gewebe verwandelt.

Bei in-vitro Versuchen mit isoliertem Krebsgewebe wurden jedoch nur die Krebszellen selbst sehr „gesund", d.h. sie vermehrten sich besser[44].

Im ersten Fall waren gesunde Zellen in der Nähe, nämlich im Organismus des Kranken. In den Petrischalen-Versuchen waren die ehemaligen Spender, und damit die gesunde DNS-Vorlage, entweder verstorben oder sehr weit entfernt.

Hinweise auf eine feinstoffliche DNS-Vorlage

Eine Reihe neuerer Studien weist auf die Existenz einer feinstofflichen DNS-Vorlage und ihrer Beteiligung an DNS-Reparatur hin[45].

Es folgt eine Zusammenfassung des Effekts des elektromagnetischen (EM) Feldes, welches vom Herzen generiert wird, auf die Körperzellen.

Pilotstudien am IHM zeigten auf, dass kohärente EKGs das Wachstum von Krebszellen behindern und das der gesunden Zellen fördern. Diese Ergebnisse werden gerade für die Veröffentlichung vorbereitet und nur ein Abstract ist zurzeit erhältlich.

Der Unterschied in den Ergebnissen der Ormus in-vivo und in-vitro Untersuchungen könnte z.B. von diesen vom Herzen generierten EM Strahlungen verursacht sein. Vielleicht ist es auch ein anderes Feld, das im Körper, aber nicht in der Petrischale, vorhanden ist. Der „Phantom DNS Effekt", den *Dr. Vladimir Poponin* entdeckt hat, weist darauf hin[46].

Poponin et al entdeckten den Effekt zufällig, während sie DNS Moleküle mit einem *Laser Photon Correlation Spectrometer* untersuchten. Zu ihrer Überraschung fanden sie bestimmte reproduzierbare Photonen-Muster, während die DNS sich im Laserstrahl befand und auch nachdem die DNS aus dem Laserstrahl entfernt worden war. Dies nannten sie den „DNA Phantom Effect". Er blieb für mehrere Monate nach Entfernen der DNS bestehen. Sie bemerkten, dass sie damit eine Verkopplung zwischen der EM-Energie der DNS und der von der Quantenphysik postulierten Zero-Point-Energie-Vakuum-Substruktur entdeckt hatten.

Zusammenfassung:

Ich nehme an, dass Wasser im Körper von M-State-Elementen in einen geordneten Zustand überführt wird. Es stellt das „Tubulin" innerhalb der intrazellulären Microtubuli dar, sowie extrazellulär die Flüssigkristall-Kommunikations-Matrix des Körpers. Der Meißner-Effekt und andere feinstoffliche Kohärenzeffekte werden bei Erhöhung der M-State-PGE-Konzentration gefördert. Dadurch ist die fehlerfreie feinstoffliche DNS-Urmatrix für zellinterne DNS Reparaturmechanismen leichter zugänglich[47].

Anmerkung des Übersetzers:

In diesem Artikel von *Barry Carter* wird nicht direkt auf die häufig beobachtete Zunahme von Psi-Fähigkeiten und allgemeiner Meditationstiefe nach Ormus-Einnahme eingegangen. Es ließe sich jedoch ebenso eine Verbindung zwischen unserem jetzigen DNS-Aktivierungslevel und einer postulierten optimaleren Aktivierung herstellen, die zu in der vedischen Literatur beschriebenen „Siddhis" und erhöhtem Bewusstsein führt. Ormus würde genau dieselbe Funktion auch im physisch gesunden, jedoch noch „normal aktivierten" Menschen haben. Die optimale „göttlichere" feinstoffliche DNS-Matrix würde langsam von ihrem physischen Gegenstück abgebildet, wobei dann langsam der „neue Mensch" des Wassermannzeitalters entstehen könnte. Ich nehme aber an, und das wird gestützt durch Aussagen in den Ormus Yahoo-Foren, dass die bloße Einnahme von Ormus nicht erleuchtet. Aber genauso wie die richtige Diät kann es den Prozess erleichtern und auch beschleunigen.

Gesundheitliche Wirkung der Ormus-Elemente

Warum Ormus bzw. Ormus Wasser in Deutschland kein Nahrungsmittel oder Heilmittel sein darf und warum niemand, der Apfelsinen verkauft, sagen darf, Apfelsinen helfen gegen Skorbut, obwohl das eine erwiesene Tatsache ist, steht im Pharma-Lobby Gesetz[48].

Auszüge aus Vorträgen und Workshops von David Hudson

Dallas Vortrag und Workshop, 10. und 11. Februar 1995

„Wie wirkt es? Ich bin kein Arzt, also darf ich keine Medizin praktizieren. Irgendetwas, das verabreicht wird, um eine Krankheit zu heilen, ist Medizin. Solange das Band läuft darf ich dazu nichts sagen. Aber ich kann sagen, dass 2 mg pro Tag völlig das Kaposi Sarcoma eines AIDS Patienten beseitigt hatten. Es sind 32.000 mg in einer Unze, 2 mg ist nichts. Ich kann sagen, dass bei Leuten, die 2mg/Tag injiziert bekommen haben, der weiße-Blutkörperchen-Zähler von 2.500 auf 6.500 angestiegen ist. Ich kann sagen, dass Stufe 4 Krebspatienten (finales Stadium) es oral eingenommen haben, und nach 45 Tagen war kein Krebs mehr nachzuweisen. Mehr sage ich erst später, wenn wir die Kameras abgeschaltet haben.

Ich bin zwar kein Arzt, aber ich wollte wissen, ob es wirkt. Es wurde benutzt bei Lou Gehrigs Krankheit (Amyotrophe Lateralsklerose), bei MS und MD, bei Arthritis und anderen Krankheiten, die ich im Moment nicht erinnere. Wir haben die Erlaubnis des „National Institute of Health" (NIH), um es zu benutzen. Es wird die Welt mehr verändern, als irgendetwas anderes in den letzten 2000 Jahren.

Die Frage war, wirkt es bei Menschen, die es aus Gesundheitsgründen nehmen, ebenso, wie bei Menschen, die es aus spirituellen Gründen nehmen?

Nun, der Typ, der es aus spirituellen Gründen genommen hatte, nahm davon 500 mg am Tag und hatte vorher 40 Tage gefastet. Die Kranken nehmen 50 mg am Tag.

Hatten sie trotzdem spirituelle Wirkungen? Nun, es mag Zufall sein, aber die Lady mit dem Stage-4-Krebs ist nun ein Sikh, trägt weiße Roben und Halstücher usw., zwei der AIDS Patienten sagen, sie wären nie religiös gewesen, fühlten sich aber nun mehr eins mit dem Schöpfer; sie fühlen eine unbestimmte „Einheit" in allem. Ich habe sie nicht um ihre religiösen Ansichten gefragt, es scheint, die Art und Weise, wie sie sich im Lebensprozess wahrnehmen, hat sich geändert.

Ausschnitte aus dem Portland Workshop vom 29. Juli 1995

Carrington Laboratories stellt Acemannan her, es ist von der FDA und AMA freigegeben für die Behandlung von Krebs in Tieren.

Sie verkaufen davon aber mehr, als es kranke Tiere in den USA gibt. Die AIDS-Community hat es entdeckt. Wenn es IV injiziert wird, dann steigt der weiße Blutkörperchen- und T-Cell-Zähler dramatisch. Acemannan besteht aus 90% Rhodium, es bewirkt auch, dass der Thymus wächst. Bei toten AIDS-Patienten wurde in Biopsien gefunden, dass der Thymus geschrumpft war. Er schrumpft bei jedem bis zu einem gewissen Grad ab einem Alter von 12 Jahren.

Ausschnitte aus David Hudsons Newsletter

Newsletter 1, 13. Oktober 1995

Ein Arzt in N.Y. bereitet sich auf die Behandlung von 30 AIDS-Patienten mit Ormus vor. Die Ergebnisse werden der „Alternative Medicine Division of the National Institute of Health" (NIH) zur Verfügung gestellt. Dadurch ist der Arzt gegen gerichtliche Schritte abgesichert.

Eine Klinik in Portland will einen Langzeittest mit 10 Patienten durchführen. Sie haben sechs Ärzte, einen Psychiater und zwei Naturopathen sowie einen Akupunkteur und können Kirlian-Fotos herstellen.

Newsletter 2, 9. November 1995

In Ashland, Oregon kamen die Ärzte zu mir wegen der philosophischen Studien. Sie hatten einen Ph. D., der meinen Vortrag gehört hatte und bereit war, die Studie zu leiten. Sie haben dort Hirnstrom-Messgeräte und können Bewusstseinsänderungen gut messen. Sie möchten, dass wir für sie einige versiegelte Ampullen mit reinem Ormus-Pulver herstellen, für Versuche mit der Aura.

Ein Arzt in Georgia macht Gewebe- und Bluttests mit Ormus. Ein Ing. aus Boca Raton, Florida, prüft die Verwendung von Ormus in der Elektronik im Auftrag von Westinghouse. Zell-Studien an Krebszellen und Blutzellen werden gerade durchgeführt, um die Funktion des Ormus herauszufinden.

In North Carolina will ein Arzt Funktionstests des Immunsystems unter Ormus Einfluss durchführen. Er hat mir gerade die Protokollvorschläge geschickt.

Der Arzt in N.Y. hat seine Vorbereitungen abgeschlossen und wartet nun auf die Genehmigung des NIH für die AIDS-Behandlung.

Newsletter 3, 29. Dezember 1995

Ein Patient, der Gefahr lief, sein Augenlicht zu verlieren, hat Rhodium + Iridium für 30 Tage eingenommen und berichtet, dass seine Sehfähigkeit sich normalisiert hat.

Newsletter 5, Februar 1996

Letzten Monat hat ein sehr bekannter Arzt aus New York von meiner Arbeit gehört und sich von mir Rhodium und Iridium Ormus geben lassen, um die Wirkung auf Krebs zu testen. Er behandelte mehrere Patienten mit Ormus. Einer hatte starke Schmerzen im Unterbauch, die mit allopathischer Medizin nicht zu kontrollieren waren. Der Patient missverstand die Dosierungsanweisung und nahm die 9-fache Menge. Innerhalb von drei Tagen waren seine Schmerzen weg, allerdings sein Monatsvorrat an Ormus auch. Als der Arzt die Situation endlich erfasste und neues Ormus bestellt hatte, waren 8 Tage vergangen und die Schmerzen kamen zurück. Allerdings vergingen sie wiederum, nachdem regelmäßig die normale Dosis eingenommen wurde.

Derselbe Arzt hat nun auch 5 weitere AIDS-Patienten für seinen von dem NIH genehmigten Test hinzugenommen, allerdings ist es für Ergebnisse noch zu früh. Einer seiner ersten, bereits vor vier Monaten mit Ormus behandelten AIDS-Patienten hatte auch Herzprobleme, die nun behoben sind, und sein Viren-Zähler ist um 30% gesunken.

Verschiedene an Brustkrebs leidende Frauen haben trotz meiner Mahnung zur Vorsicht entschieden, Ormus zu nehmen.

Nach zwei Monaten haben die Patienten berichtet, dass der Krebs nicht mehr wächst. Aber mit nur 100 mg/Tag wird er wohl ohne Dosissteigerung nicht ganz verschwinden.

In Zellkulturstudien wurde Rhodium Ormus durch H2RhCl5 XHCl, die Chlorid-Form ersetzt, weil diese auch im lebenden Menschen im Magen durch die Magensäure erzeugt wird. Diese Form scheint das Krebswachstum in den ersten drei Tagen um 30% zu reduzieren. Die Forschung daran geht weiter, um feststellen zu können, ob der Effekt stabil bleibt.

Derselbe Krebsforscher hat ein Vertraulichkeitsabkommen mit Hudson unterzeichnet und stellt nun sein eigenes Ormus nach Hudsons Rezept aus 99.99% reinem Gold her. Er ist darüber sehr erfreut.

Newsletter 8 & 9, Mai/Juni 1996

Die Ergebnisse in der Krebsbehandlung sind so vielversprechend, dass die folgenden Institute auf eigene Kosten Ormus bezogene Krebsforschung angefangen haben:

1: Roswell Park Cancer Institute - Ormus-Zellkulturwirkung mit Prostata und Brustkrebstypen.

2. National Cancer Institute - Ormustests and 609 verschiedenen Krebstypen. Initialtests sehen vielversprechend aus.

3. University of Illinois in Chicago - Grundlegende biochemische Tests mit Ormus und dessen Cytotoxicity (Zellgiftigkeit)

4. Rutgers University - Lymphozytenschutz bei HIV mittels Ormus

5. Merck and Co. - Anti-Krebs Wirkung von Ormus

6. Biotechnology Institute of Oslo - Gen-Ausdruck während des Wachstums von diversen Krebszelltypen unter Ormus

7. Wayne State University - Cytotoxicity und Biochemische Assays für Topoisomerase I und II Inhibitoren bei DNS-Strangbruch.

8. University of Wisconsin - Wissenschaftler des McCandio Krebs-Instituts erforschen Zellkulturwirkung der Ormus Gruppe.

Newsletter 10 und 11, Juli/August 1996

Zellen können mit Ormus repariert werden. Kann es sein, dass Ormus das „Elixier des Lebens" ist?

Ich konnte den Arzt in NY, der die AIDS-Patienten betreut, nicht erreichen. Aber mit einem der Patienten habe ich gesprochen. Er war bei meinem Washington-Vortrag und hatte meine Telefonnummer. Sein HIV-Viruszähler ist von 15.000 auf 500 gesunken, nachdem er für 90 Tage Ormus genommen hatte, 100 mg/Tag.

Der Arzt, der die Dame mit dem Enddarmkrebs behandelte, gab ihr 3 mal täglich 100 mg. Ihr Krebs hatte in die Leber und Lunge metastasiert. Sie hatte nur noch 20% Leberfunktion, als sie mit Ormus begann. Unmittelbar nach Beginn der Einnahme von Ormus fiel ihr Krebszellen-Marker-Zähler auf den halben Wert. 60 Tage später, anstatt tot zu sein, wie ihr Arzt prophezeit hatte, ging sie auf einen Camping Trip.

Gesundheits-bezogene Auszüge aus Bingas Telefon Interview mit David Hudson am 31. Mai 1996:

Aus unseren Studien mit Zellkulturen lernen wir, dass wir 500 mg Ormus pro Tag geben müssen um Krebs zu behandeln.

Meine Frau hat mir verboten, weiterhin Ormus zu nehmen, und ich höre auf sie. Sie nimmt selbst 100 mg Rhodium und Iridium am Tag gegen ihre Arthritis und ist sehr zufrieden mit dem Ergebnis, ihre Nägel wachsen wie wild. Bald werden wir es wohl wieder zusammen einnehmen können, denke ich.

Einige Leute hätten gern (anekdotische) Heilerfolge mit Ormus gelesen. Ich denke sie sollten die Ergebnisse unserer medizinischen Tests und Forschung abwarten. Und sich, nachdem sie das gelesen haben, langsam an Ormus gewöhnen.

Ich gebe diese Informationen schon jetzt bekannt, nur behalte ich die Namen der Beteiligten für mich. Im nächsten Newsletter werde ich allerdings die Namen der Firmen bekanntgeben, die mit Ormus forschen. Bis jetzt sieht es so aus, dass Ormus keine negativen Wirkungen hat, auch nicht auf gesundes Gewebe.

Die Namen der Leute, die Ormus am Anfang unserer Forschungen mit mir zusammen genommen haben, kann ich nicht bekanntgeben, weil das illegal war. Aber diejenigen, die heute mit der NIH Genehmigung damit forschen, die veröffentliche ich, sobald ich deren Ergebnisse schriftlich vorliegen habe.

Die Forschung im NIH und bei Merck hat ergeben, dass Rhodiumchlorid das Krebszell-Wachstum zu 60% stoppt. Damit benehmen sie sich wie normale Zellen. Ormus „killt" nichts, es normalisiert. Die Forscher sind fasziniert, weil scheinbar keine chemische Reaktion vorliegt. Jetzt versuchen sie herauszufinden, was auf DNS-Ebene passiert.

Die Ergebnisse der Ormus Aidsforschung liegen noch nicht vor. Hierbei werden keine Zellkulturen verwendet, sondern lebende kranke Menschen. Die Forscher und die Kranken erhalten das Ormus Material von mir übrigens kostenlos.

Was die Krebsforschung betrifft, hat der private Arzt, der sein Ormus selbst herstellt, Proben davon seinen Kollegen geschickt, und die haben seine Ergebnisse duplizieren können. Ich warte auf die schriftlichen Unterlagen.

Weil Ormus nicht mit den bekannten chemischen Nachweismethoden messbar ist, kann ich nicht über die FDA gehen. Aber es schadet nicht, die statistischen Erfolgsquoten zu haben. Jetzt kann ich öffentlich darüber reden. Es ist wie Handauflegen: Wenn du Krebs durch Handauflegen heilen kannst, dann kommen die Ärzte vorher und stellen Krebs fest, und sie kommen hinterher und stellen die Heilung fest. Das Handauflegen ist keine Wissenschaft, aber die Feststellungen der Ärzte sind es schon. Der Schlüssel ist jedoch, solange wir nicht wissen, wie es wirkt, können wir es der FDA nicht anbieten.

Ich habe keine Angst vor den etablierten Mächten, aber ich gehe langsam vor. Ich gebe nicht zu viel zu schnell bekannt. Ich weiß nicht, was passiert, wenn ich große Mengen nehme, was passiert psychologisch und mit der Intuition? Aber ich kann jetzt schon sagen: Die Intuition wird nicht geschädigt, aber gefühlsmäßig - das wird ganz schön krass.

(Anm. des Übersetzers: Die etablierten Mächte haben David Hudson in den Ruin getrieben und die offizielle Ormus Forschung praktisch abgestellt - Ormus hat aber in den USA, anders als in Europa, wo es niemand kennt, eine starke Grasswurzelbewegung ausgelöst)

Wir kennen den genauen Mechanismus nicht, mit dem Ormus auf die DNS-Entspiralisierung und -Rekombination einwirkt. Es ist ein Rätsel, weil wohl M-

State Rhodium physisch weit weg ist von der DNS, auf die es wirkt. Ich nehme ja an, es hat etwas mit Schwingungen und dem Spirit zu tun, aber das ist Philosophie.

Ich habe diverse sog. Ormus-Produkte getestet; Isis White Powder, Etherium und Manitol 100. Keins enthält Ormus. Nur Acemannan enthält 90% Rhodium aber kein Gold. Maharishi Amrit Kalash enthält auch ca. 10% Rhodium und Iridium. Diese Tests wurden unter meiner Aufsicht am MIU durchgeführt, die haben auch die genauen Zahlen.

Das Etherium soll ja laut Etikett angeblich 64ppm Ormus enthalten. Allerdings, wenn sie die Analysemethode verwenden, die auf dem Etikett steht, dann ist es metallisch und kein Ormus und damit giftig! Du nimmst mehr Ormus mit einem Glas Karottensaft auf, als mit ihrem Material.

Woher wissen wir, dass Monoatomics nicht toxisch sind? Alle Forschungsergebnisse deuten in diese Richtung. Wenn man Edelmetalle in metallischer Form in eine Zellkultur gibt, stirbt sie. Aber hohe Dosen Ormus haben keine solche Wirkung.

Alle M-State-Elemente können durch falsches Erhitzen und ungenaue Destillation in den metallischen Zustand übergehen. Da muss man sehr vorsichtig vorgehen.

Ergebnisse und Berichte eines weiteren Forschers

Ein anderer Ormus-Forscher arbeitet mit diversen Medizinern zusammen. Dies sind Reports über ihre Ergebnisse:

Erklärung: M-State-Material = Ormus = Ormes = ME

C-11 oder M-11 steht für alle 11 Ormus Sorten, die als Gemisch aus Meerwasser extrahiert wurden.

Das jeweilige Mischungsverhältnis hängt vom genauen Ort der Entnahme ab.

M-3 steht für 70% Rhodium + 15% Iridium + 15% Gold.
Der Goldanteil in M-3 ist wohl höher als in C-11.

Die quantitative Bestimmung der Ormusanteile aus natürlichen Quellen ist schwierig und erfordert die Überführung in ihre metallischen Gegenstücke, die dann auf konventionelle Art analysiert werden können.

Hinzu kommt, dass M-State-Elemente dazu neigen, ihre Erscheinungsform zu ändern und ineinander überzugehen, in der Regel in Richtung Gold.

Das stabilste M-State Element ist Gold. Die Halbwertszeit von M-State-Elementen wird durch Sonnenlicht reduziert. Im Toten Meer würde man erwarten, nur geringe Mengen anderer M-State-Elemente zu finden, da sie bereits alle in Gold überführt wurden.

Kommentare zu folgenden spezifischen Erkrankungen liegen vor:

AIDS
Alzheimer
Manisch-depressive Erkrankung
Krebs
Diabetes
Emphysem
Herz und Kreislauf
Lupus
Muskuläre Dystrophie
Multiple Sklerose
Osteoporose

Und zu diesen Sonderformen der M-State-Elemente:

M-Kupfer
M-Platin

Die M-3 und M-1 Ormusgemische wirken deutlich besser. Wir wissen nicht, ob dies ein Konzentrationseffekt ist, oder ob es etwas mit den Erwartungen der Leute bezüglich des Goldanteils zu tun hat.

Das M-3 wird normalerweise aus Minen-Abraum gewonnen, der die gewünschten prozentualen Anteile der jeweiligen Ormus Sorten besitzt.

Wenn kein Abraum verfügbar ist, wird reines Metall in dem gewünschten Verhältnis in die Ormus Form überführt. M-3 wird in „fluid Ounces" (1 fl.oz. = 29.57 ml) gemessen und dies, nachdem das flüssige M-State-Material für 4 oder 5 Tage konzentriert und ausgefällt wurde.

Man kann fast alle Heilerfolge auch mit C-11 erzielen, es dauert nur etwas länger.

Das C-11 führt zu einem generellen Wohlsein mit ganzheitlicher körperlicher Gesundheit. Man kann alles erreichen, wenn man es lange genug nimmt.

Viele Leute, die diese Materialien einnehmen, kommen auf ein „High". Ein Forscher nimmt an, dass die Ursache in einer Effizienzsteigerung des Körpers und insbesondere des Hirns durch Ormus liegt.
Er behauptet, dass man mit der Energieaufnahme, die man ohne Ormus hätte, auskommt. Die überschüssige Energie erzeugt das „High".

Jede körperliche Störung, die du jemals im Leben gehabt hast, und die nicht vollständig ausgeheilt ist, wird wiederkommen, bevor sie endgültig verschwindet. Aber die Symptome werden nicht so deutlich ausfallen wie zuvor.

In Abhängigkeit von dem Zustand, in dem sich eine Person befindet, wenn sie das erste Mal in Kontakt mit Ormus kommt, wird sie ruhiger oder aktiver werden.

Einige Leute werden sehr schläfrig, während ihr Körper sich regeneriert.

Nachdem sie aufgewacht sind, stopfen sie jede Menge Futter in sich rein und gehen danach gleich wieder schlafen.

Der Körper braucht die Nahrung, um Schäden, die sich im Laufe des Lebens angesammelt haben, zu reparieren.

Man hat nicht mehr die Wahl zu sagen: „Ich bleibe eine Woche wach". Wenn der Körper abschaltet, schaltet er eben ab.

Wie mit allen Dingen, die man zu sich nimmt, ist es weise, damit aufzuhören, wenn man ein Wirkungsplateau erreicht hat.
Mehr über einen längeren Zeitraum zu nehmen, kann zu Suchtverhalten führen.

Wenn man Ormus nicht nimmt, um einen bestimmte Krankheit zu heilen, ist es vermutlich das Beste, es nur für ca. 2 Wochen zu nehmen und danach einen Woche zu pausieren.

Einige der frühen Ormus-Forscher behaupten, dass M-Gold allein genommen einen in den gegenwärtigen mentalen Zustand „einschließen" kann.
Wenn ein Mensch z.B. kriminell ist würden, würde er dadurch nur zu einem besseren Kriminellen.

Diese Theorie basiert aber auf nur sehr wenigen Testprobanden, die auch nur über einen sehr kurzen Zeitraum beobachtet wurden.

Zu spezifischen Erkrankungen

AIDS
Ca. 15 AIDS-Patienten sind von AIDS genesen durch Behandlung mit C-11. Sehr weit fortgeschrittene AIDS-Fälle sollten aber mit M-3 behandelt werden. Das ist ein 4-Unzen Behandlungszyklus, das genügt. Ohnehin wird dir niemand erzählen, er hätte jemals AIDS gehabt.

Alzheimer
24 Leuten in einem Altersheim wurde M-3 per 2 Unzen pro Tag für 30 Tage gegeben. Sie waren alle wieder „normal" nach den 30 Tagen. Alzheimer scheint sehr gut auf Ormus zu reagieren, es ist wohl eine Erschöpfung der Ormusvorräte des Körpers.

Manisch-depressive Erkrankung (MD)
Ca. 100 Personen mit unterschiedlicher Ausprägung von MD haben sehr gut auf Ormus reagiert. In den schwächeren Fällen wurde nur C-11 verabreicht, in den schwereren zwischen C-11 und M-3 abgewechselt. Essentielle Öle und Aromatherapie kamen unterstützend hinzu.

Krebs
38 von 40 behandelten Fällen haben eine vollständige Heilung erfahren. Die beiden Patienten, die starben, haben Ormus abgesetzt, um mit konventionellen Mitteln behandelt zu werden. Die Dosierung war zwei bis sechs Unzen des nassen M-3-Materials über einen Zeitraum von zwei bis sechs Wochen, je nach Schwere der Erkrankung. Das wird als ein Teelöffel am Morgen und am Abend genommen. Vor kurzem hat ein 2-Unzen Fläschchen M-3, über einen Monat hinweg eingenommen, bei vier Frauen mit Brustkrebs, zwei Leuten mit anderen Tumoren und zwei Leuten mit Lupus bereits zur Heilung (Complete Remission) ausgereicht.
Die Krebstypen, die erfolgreich behandelt wurden, umfassen Lymphknoten-, Brust-, Knochen- und Hirntumor, Leukämie, Prostata-, Lungen-, Ovarien-, Schilddrüsen- und Gebärmutterhalskrebs.

Diabetes
Diabetes reagiert auf C-11, Vanadium-Chrome (das wird zur Reparatur des Pankreas benötigt) und B-6. Ca. 250 Leute mit Diabetes sind erfolgreich behan-

delt worden.

Emphysem
Fünf Leute sind vollständig geheilt worden mittels C-11. Wenn sie weiterhin C-11 nehmen, bleiben sie auch gesund.

Herzkrankheiten
Sechs Personen sind durch Ormus von verschiedenen Herzerkrankungen genesen. Die schwereren Fälle reagierten besser auf M-3, hoher Blutdruck allein und die weniger ernsten Herzprobleme reagierten sehr gut auf C-11.

Lupus
Mehrer Patienten erholten sich völlig von Lupus.

Multiple Sklerose
Sechs Personen wurden vollständig geheilt.

Muskuläre Dystrophie
Mit M-3 haben sich drei Patienten davon erholt.

Osteoporose
Ormus kann Osteoporose vollständig aufheben. In diesem Fall wurde es als Massageöl verabreicht in Verbindung mit Progesteron und Kalzium (unerhitzt).

Spezielle Ormusformen

M-Kupfer
Es scheint weniger tiefgreifende Wirkung zu haben als das Gold. Manche Menschen reagieren gut darauf, andere nicht so gut. M-Kupfer kann bei Parkinsonfällen zu einem schweren Anfall führen. Parkinson ist die Folge, wenn der Körper Kupfer nicht richtig verarbeiten kann. Wenn man keine Familiengeschichte mit Parkinson hat, ist M-Kupfer fast immer gut. Die meisten Alterungseffekte, wie z.B. graues Haar, Falten, usw., wurden mit Kupfermangel in Verbindung gebracht.

M-Platin
M-Platin wirkt sehr gut bei Alkoholsucht. Man kann danach kaum noch Alkohol zu sich nehmen. Eine Testgruppe ging auf eine Neujahrsparty. Es wurde ihnen nach geringem Alkoholkonsum so übel, dass sie dachten, sie müssten sterben. Es scheint auch bei Allergien dämpfend zu wirken.

Außergewöhnliche Wirkungsberichte

Gärtnerei – Pflanzenwachstum – Walnusszucht

Dies sind Bilder von einigen Walnussbäumen, von denen einer mit C-11 Zusatz wuchs.

(C-11 = Ormus gewonnen aus Meerwasser, das alle 11 M-State-Elemente enthält)

Alle fünf Bäume wurden zur gleichen Zeit von der gleichen Baumschule erworben und waren in etwa gleich hoch gewachsen.
Einer erhielt täglich zwei Tassen C-11 (gewonnen aus dem Pazifik) auf 5 Gallonen Wasser. Im Vordergrund rechts der Baum mit C-11, hinten links einer der ohne C-11 aufwuchs.

Abb. 11 Ormus Walnuss Baum

Der linke Baum ist 5 Fuß hoch, der rechte etwa zehn.
Die Bäume wachsen in einem trockenen Klima in ca. 300 Metern Höhe nahe des 49. Breitengrades.
Zusätzlich zu dem reinen extrahierten Ormus wurde dem großen Baum auch noch manchmal Abwasser aus der Ormusgewinnung zur Bewässerung gegeben.

Abb. 12: Die linken Walnüsse wurden ohne C-11 Zugabe, die rechten mit dessen Zugabe gezüchtet. Die rechten sind etwa 2,5" im Durchmesser.
Daneben sieht man die großen Walnüsse noch in der äußeren grünen Schale vor der Ernte und eine Hand zum Größenvergleich.
Sie wachsen in etwa 7 Fuß Höhe und haben die Größe von mittelgroßen Äpfeln.

Die Nüsse im Inneren der Schale sind vergleichbar größer als die viel kleineren der anderen Bäume. Geschmacklich sind sie vergleichbar.
Dieser eine C-11 Baum hat über Jahre die gleiche Menge Nüsse geliefert wie drei 15 Jahre alte Bäume zusammen mit vier anderen drei Jahre alte Bäumen ohne C-11.
Die Bilder wurden im Oktober 2000 aufgenommen.

Ein Jahr später, 2001, habe ich nach der Ernte einige Nüsse fotografiert sowie zum Größenvergleich meine Hand.

Abb. 13, 14: Ein Jahr später

Unten sieht man, wie viel mehr im Vergleich zu den anderen der C-11 Baum in drei Jahren gewachsen ist.

Rechts ein Baum ohne, links der mit C-11.

Abb. 15: Alle zusammen in einem Bild

Nachwachsen eines Katzenschwanzes

Dies ist die Geschichte von Tut, dem Kater.

Er wurde im April 2003 geboren und von seiner Mutter verstoßen.
Dana fand ihn am 23. Mai auf ihrer Terrasse. Tut schrie den ganzen Tag und die Nacht durch bis zum 26. Mai.

Dana ließ ihn an dem Abend auf der hinteren Terrasse, weil wegen seiner Schreie niemand im Haus schlafen konnte.
Es gab einen starken Sturm in der Nacht, wodurch sogar ein Teil des Daches eines Nebengebäudes zusammenbrach.

Am nächsten Morgen fand man Tut auf der Veranda, und ein Teil seines Schwanzes war fast vollständig abgetrennt. Dieser Teil fiel dann am nächsten Tag von selbst ganz ab. *Abb. 17*

Abb. 18: das abgetrennte Schwanzteil

Dana tat „Liquid Chi" und „Prime Enzymes" in sein Futter. Sie fütterte ihn auch mit „Cleopatras Milch" aus der Hand. Hier sieht man, wie der Schwanz anfängt nachzuwachsen.

Abb. 20

Das rote Endstück ist neu geformt. Am 14. August 2003 war er bereits um fünf Zoll nachgewachsen.

Tut ist jetzt eine sehr aktive und glückliche Katze. Er leckt den Abschlussteil seines Schwanzes oft.
Darunter sieht man den nachgewachsenen sowie den abgetrennten Teil im Vergleichsfoto.

Diese Ormus-Produkte bekommt Tut im Futter:
Cleopatra's Milk, Liquid Chi, Prime Enzymes, Sola und Zenergy.

Der Diplom-Biologe John meinte dazu:

„Tut ist das höchstentwickelte Säugetier, bei dem ich jemals ein Blastem gesehen habe.

Bevor ich eure Seite fand, habe ich alles von Hudson über Ormus gelesen und stellte die These auf, dass Ormus die neuroepidermale Verbindung in höheren

Säugetieren wiederherstellt - und es scheint als wenn das zutreffen würde.

Damit Regeneration passieren kann, müssen die Nervenenden die Dermis berühren. Der epidermale Kontakt stoppt die Regeneration.

Der Grund für die fehlende Regenerationsfähigkeit der Säuger ist, dass nicht genügend Nervenenden in der Peripherie des Organismus existieren, um ausreichend Feedback des galvanischen Hautfeldes bis in das Gehirn über die Nervenbahnen zu leiten.

Ormus scheint diesen Zustand zu beheben. Vielleicht, weil des die Leiterfunktion der vorhandenen Nervenbahnen verstärkt, oder weil es selbst die Leitfähigkeit irgendwie herstellt.
So erlaubt es genügend Informationen, zum Gehirn zu gelangen, um die Regeneration zu ermöglichen.

Die Experimente von *Marcus Singer* an der *Harvard Medical School* zeigten, dass zumindest 30% des Nervengewebes funktionieren muss, um Regeneration zu erlauben.
Mehr dazu findet ihr in dem Buch „The Body Electric" von *Robert Becker*.

Ich habe nie zuvor bei einem so großen Tier Beobachtungen anstellen können.

Bitte lasst mich wissen, ob die Regeneration vollständig erfolgt; ich erwarte das allerdings, nachdem ich die bisherigen Bilder gesehen habe."

Im Februar 2007 hat Dana dieses Bild von Tuts wieder *vollständig* ausgewachsenem Schwanz gemacht:

Abb. 21

David Hudson in Portland

Vortrag vom 28. Juli 1995

Dieses Dokument stammt von KeelyNet aus dem Jahre 1995 und ist der Einführungsvortrag von David Hudson im Northwest Service Center, Portland, Oregon.

„Mein Name ist David Hudson. Ich bin Bewohner der Stadt Phönix (in Arizona) in der 3. Generation und stamme von einer aus Phönix stammenden Familie ab. Wir sind eine alte Familie und sehr konservativ. Ich komme von einem ultrakonservativ, politisch rechten Hintergrund. Für diejenigen unter euch, die von der John Birch Society, Barry Goldwater, diesen ultrarechten Konservativen gehört haben, das ist die Gegend, aus der ich komme. Ich werte dies nicht. Ich sage nur, dies ist mein Hintergrund.

Ich hatte keine Vorstellung davon, dass ich das, was ich jetzt mache, jemals machen würde, vor allen Dingen nicht, als ich mit der Arbeit begann.

In den Jahren 1975/76 war ich sehr unglücklich mit dem Bankensystem in den Vereinigten Staaten. Ich war eine sehr materialistisch eingestellte Person. In Phoenix habe ich in der Gegend vom Yuma Tal ca. 70.000 Acres landwirtschaftlich bestellt. Ich habe diesen großen Bereich bestellt und hatte 40 Personen auf meiner Lohnliste. Ich hatte vier Millionen. Dollar Überziehungskredit bei der Bank und fuhr einen Mercedes Benz. Ich hatte ein 15.000 Quadratfuß großes Zuhause und ich war *Mister Material Man*.

1975 gab ich eine chemische Analyse der Produkte, die ich anbaute, in Auftrag. Ihr müsst verstehen, dass die Landwirtschaft hier im Staate Arizona ein spezielles Problem mit Salz in der Erde hat. Dieser hohe Salzgehalt der Erde, der wie Schokoladeneis aussieht, ist einfach nur crunchy schwarz. Er bricht in kleine Teile, wenn man auf ihm herumläuft. Wasser ist nicht in der Lage, diese Schicht Erde zu durchdringen und wird den hohen Salzgehalt aus der Erde nicht herausschwemmen können. Es wird schwarzes Alkali genannt.

Wir hatten dann aus den Kupferminen im Staat Arizona 93%ige Schwefelsäure gekauft. Für diejenigen unter euch, die das nicht kennen, die Batteriesäure aus eurem Auto ist 40 bis 60%ig. Dies war 93%ige Schwefelsäure; eine sehr hohe Konzentration. Wir haben lastwagenweise Schwefelsäure auf meine Farm bringen lassen und haben 30 Tonnen pro Acre auf die Erde geschüttet.

Wir haben 20 cm breite Bänder, die bis zu 12 cm tief waren, mit dieser Substanz gefüllt. Bei der Bewässerung der Bänder (nichts wächst in Arizona, wenn man nicht bewässert) bildeten sich durch die Mischung der Lauge im Boden und der Säure, die wir hinzugefügt haben, weiße Blasen und Schaum am Boden.

Auf diese Art und Weise haben wir den schwarzen Alkali in weißen Alkali, der Wasser besser aufnahm, verwandelt. Innerhalb von 1 ½ bis 2 Jahren hatte man dann ein Feld, auf dem tatsächlich Nutzpflanzen wachsen würden.

Bei der Arbeit, die ich mir mit diesen Böden gemacht habe, war es auch sehr wichtig dass ein hoher Anteil von Kalzium in Form von Kalziumkarbonat vorhanden war. Das Kalziumkarbonat wirkte als Puffer für all die Säure, die wir dem Boden hinzugefügt hatten. Wenn nicht genug Kalzium in der Erde ist, dann sinkt der pH-Wert auf 4–4,5 und alle Spurenelemente im Boden werden gebunden. Wenn du vorhast, Baumwolle zu pflanzen, dann bleiben die Pflanzen sehr klein oder sie wachsen gar nicht.

Wenn man all diese Dinge mit dem Boden veranstaltet, ist es sehr wichtig, genau zu wissen, was in dem Boden enthalten ist; wie viel Eisen, Kalzium usw.

Bei dieser Analyse stießen wir auf Materialien, von denen uns niemand sagen konnte, woraus sie bestanden oder was sie überhaupt waren. Wir haben uns dann einfach gedacht, dass die klarsten und deutlichsten Untersuchungsergebnisse mit Proben gewonnen werden können, die aus der Gegend kommen, in der dieses Material am häufigsten vorkam.

Wir nahmen dieses Material mit in ein Chemielabor, haben es in Lösung gegeben und bekamen eine blutrote Flüssigkeit. Stellten wir dann ein Ausfallprodukt her und gaben Zinkpulver in die Mischung, erhielten wir ein schwarzes Ausfallprodukt, was wir auch erwarten durften. Ein Edelmetall, das chemisch ausfällt, wird sich nicht wieder in der Flüssigkeit lösen.

Wir erzeugten dieses schwarze Ausfallprodukt und ließen es trocknen. Zum Trocknen verwendeten wir einen großen Porzellantrichter, der Filterpapier enthielt. Das Ausgangsmaterial war ungefähr 1 cm dick auf dem Papier.

Zu dieser Zeit hatte ich noch keinen Trocknungsofen oder irgendwelches Equipment, mit dem ich die Substanz hätte im Labor trocknen können, und so stellte ich sie einfach in die Arizona-Sonne, die zu dieser Zeit ungefähr 115°

Fahrenheit, bei ca. 5% Luftfeuchtigkeit, erzeugte. Auf diese Art trocknete es sehr schnell.

Was passierte war folgendes: Kaum dass das Material getrocknet war, explodierte es. Es explodierte auf eine Art, wie ich es noch nie in meinem Leben gesehen hatte, und ich hatte viel mit explosiven Materialien gearbeitet. Es gab keine Explosion und keine Implosion. Es war, als ob jemand 50.000 der alten Blitzlichter auf einmal gezündet hätte. Das gesamte Material war verschwunden. Das Filterpapier war verschwunden und der Porzellantrichter war zerbrochen.

Beim nächsten Mal nahm ich einen neuen Bleistift, der noch nicht angespitzt worden war und steckte ihn in das Ende des Trichters, während ich mit dem Trocknungsvorgang begann. Als diese Probe explodierte, wurde in dem Prozess der Bleistift zu ca. 30% verbrannt, aber er fiel nicht um. Alle Substanz war jedoch verschwunden. Dies war also keine Explosion und keine Implosion. Es war wie eine unglaubliche Lichterscheinung.

Der Bleistift sah nach dieser Explosion so aus, als wenn man ihn eine Weile lang neben einen Kamin gelegt hätte, in dem ein heißes Feuer brannte. Davon war ich sehr verblüfft. Was immer auch dieses Material war, es war äußerst ungewöhnlich. Wir fanden heraus, dass es nicht explodierte, wenn wir es im Schatten trockneten. So wie wir es jedoch in der Sonne trockneten, explodierte es.

Wir nahmen einiges von dem Pulver, das im Schatten getrocknet war, und taten es in einen Reduktionstiegel. In so einem Gefäß wird dieses Pulver mit Blei zusammen solange erhitzt, bis sich das Blei verflüssigt. Die Idee ist, dass sich die Metalle, die schwerer als Blei sind, also Gold usw., unterhalb von dem Blei ansammeln und alle leichteren Nicht-Edelmetalle auf dem Blei schwimmen. Diese Art von Metallanalyse ist seit Jahrhunderten bekannt.

Dieses Material setzte sich am Boden ab, als ob es Gold oder Silber wäre. Es schien auf jeden Fall dichter als Blei zu sein. Es war das, was übrig blieb, wenn wir alles, was oberhalb von dem Blei war, abgossen und danach das Blei selbst entfernt hatten. Auf diese Art und Weise erhielten wir eine Kugel, die aus Gold und Silber bestand.

Wir gaben das Metallkügelchen einem kommerziellen Labor und ließen es analysieren. Das Ergebnis: es bestand aus Gold und Silber. Das einzige Problem war, wann immer ich dieses Kügelchen auf einen Tisch legte und mit einem

Hammer darauf schlug, dann zersprang es wie Glas. Bis heute gibt es keine bekannte Gold- und Silberlegierung, die nicht weich wäre. Das heißt, wenn man mit einem Hammer darauf schlägt, kann man es einfach flach machen wie einen Pfannkuchen. Dennoch, dieses Kügelchen zersprang wie Glas. Ich stellte fest, dass hier etwas vor sich ging, was wir nicht verstehen konnten. Etwas sehr Ungewöhnliches.

Diese Laboratorien stellten übereinstimmend fest, dass es sich aus Eisen, Aluminium und Silizium zusammensetzen würde. Ich sagte: „Das kann nicht sein. Diese Substanzen lösen sich in Säure und starken Basen auf. Dieses jedoch löst sich nicht einmal in dampfender Schwefelsäure auf. Es löst sich auch nicht in konzentrierter Salzsäure, und die löst sogar Gold auf, aber nicht diese schwarze Substanz." Das Material war wirklich befremdlich. Wir brauchten eine Erklärung, aber niemand konnte uns eine geben.

Ich ging zur Cornell University und sagte, wir müssen einiges Geld investieren, um ein Ergebnis zu bekommen. Auf diese Art und Weise stellte ich einen Ph.D. an, der in Cornell arbeitete und sich als Experte für Edelmetalle ausgab. Ich nahm zu diesem Zeitpunkt an, wir hätten es mit Edelmetallen zu tun. Ich sagte ihm, dass wir wissen wollten, was dies ist. Ich bezahlte ihn dafür, dass er nach Arizona kam. Er sah sich das Problem an und sagte: „Wir haben ein Gerät in Cornell, das kann auf ein Teilchen pro Mrd. Teilchen genau analysieren. Lass mich dieses Material mit nach Cornell nehmen und ich werde dir ein exaktes Ergebnis liefern, außer natürlich es ist Chlor, Brom oder eines der leichteren Elemente. Sollte das der Fall sein, dann können wir es nicht analysieren. Ist es aber im Periodensystem über Eisen, dann werden wir es finden".

Als er endlich mit dem Ergebnis zurückkam, teilte er uns mit, es wäre Eisen, Silizium und Aluminium.

Ich fragte ihn: „Doktor, haben sie ein Chemielabor in der Gegend das wir benutzen könnten?" Er sagte: „Ja." „Lass uns dahin gehen und es benutzen", sagte ich zu ihm. Wir arbeiteten den restlichen Tag in dem Labor und wir waren in der Lage, all das Silizium, Eisen und Aluminium zu entfernen. Wir hatten aber immer noch 98% der Substanz übrig und „das war nichts". Ich sagte: „Sehen sie sich das an, ich kann es in meiner Hand halten, es wiegen und chemische Experimente damit anstellen, es ist nicht *nichts*!"

Er sagte: „Die Absorptions- und Emissionsspektren zeigen keinerlei Übereinstimmung mit Substanzen, die wir kennen und in unsere Instrumente hinein programmieren können. Es ist sicherlich irgendetwas, und ich werde herausfinden, was es ist." Und dann sagte er: „Mr. Hudson, warum geben sie uns nicht einen Forschungsetat von 350.000 $ und dann können wir unsere Studenten in der Ausbildung daran arbeiten lassen." Ich hatte diesem Mann bereits 22.000 $ gegeben, da er sich vorgestellt hatte mit der Behauptung, er könnte alles und jedes analysieren. Und er konnte es nicht. Er bot mir auch nicht an, dieses Geld zurückzugeben. Also sagte ich ihm: „Wissen sie, ich weiß nicht, was sie ihren Leuten bezahlen, aber auf unserer Farm zahlen wir Mindestlöhne. Ich kann sicher mehr aus 350.000 $ machen als sie, also werde ich mich selbst mit dem Material befassen."

Ich kam zurück nach Phoenix und war völlig desillusioniert von den Akademikern. Ich war von den Doktoren und Professoren, Leuten, denen ich viel Geld gezahlt hatte, nicht beeindruckt. Ich fand heraus, dass es nur ein großes kompliziertes System ist, das dazu dient, Studenten zu graduieren und ein Haufen Papiere herauszubringen, die nicht viel sagen.

Die Regierung zahlt ihnen pro Forschungspapier, darum schreiben sie viele, die oft dasselbe sagen, nur anders formuliert werden, und niemand achtet dabei auf die Qualität. Es ist wirklich desillusionierend, wenn man herausfindet, wie Akademiker funktionieren.

Zum Glück fand ich heraus, dass es in der Gegend von Phoenix einen Mann gab, der sich mit Spektroskopieren auskannte. Er war in Westdeutschland an einem Institut für Spektroskopie ausgebildet worden. Er ist einer der erfahrensten Techniker eines Testlabors einer Firma in Los Angeles, die spektroskopische Geräte baut. Er ist einer der Personen, der diese Geräte entwickelt, gebaut und sie dann hinaus in die reale Welt genommen hat, um mit ihnen zu arbeiten. Ich sagte: „Er muss ein guter Mann sein." Er ist nicht nur ein Techniker, denn er kennt die Maschine von innen und außen.

Ich ging zu dem Mann mit einem Buch, das ursprünglich in der Sowjetunion entstanden war, und das hieß „Die analytische Chemie der Platingruppe" vom Autor *Ginsberg*. Es wurde von der sowjetischen Akademie für Wissenschaften herausgegeben. Gemäß diesem Buch musste man einen 300 Sekunden langen Brand mit diesen Elementen verursachen, um sie spektroskopisch lesen zu können.

Für all diejenigen, die nie Spektroskopie betrieben haben: Man benutzt dafür eine Kunststoffelektrode, die am oberen Ende gekrümmt ist. Man streut das zu analysierende Pulver auf die Elektrode und bringt die zweite Elektrode in ihre Nähe, wobei ein Lichtbogen entsteht. Nach ungefähr 15 Sekunden sind beide Elektroden heruntergebrannt, zusammen mit dem zu analysierenden Material. Daher veranstalten alle Laboratorien in diesem Land nur 15 Sekunden lange Brennläufe und geben dir dann die spektroskopischen Ergebnisse. Jedoch gemäß der Sowjetischen Akademie für Wissenschaften verhält sich die Verdampfungstemperatur von Wasser zu der Verdampfungstemperatur von Eisen ungefähr so, wie sich die Verdampfungstemperatur von Eisen zu der Verdampfungstemperatur dieser unbekannten Elemente verhält.

Wie jeder Autofahrer weiß, wird der Motor eines Kraftfahrzeugs nicht heißer als das Kühlwasser, solange noch Kühlwasser da ist. Dasselbe gilt für einen Topf Wasser auf einem Herd, wenn aber das Wasser verdampft ist, geht die Temperatur des Topfes raketenartig in die Höhe.

Das bedeutete, dass die Temperatur der Gesamtprobe, solange noch Eisen in ihr enthalten ist, nicht heißer werden kann als die Verdampfungstemperatur des Eisens. Ich weiß, es ist schwer, sich vorzustellen, dass etwas, das eine so hohe Verdampfungstemperatur hat wie Eisen, sich wie Wasser zu diesen neu gefundenen Elementen verhalten kann, aber so ist es. Mit der Hilfe des Edelgases Argon schafften wir es, ein komplett neues Gerät zu entwickeln, welches ermöglichte, dass kein Sauerstoff an die Elektroden gelangt. Auf diese Art konnten die Elektroden statt nur 15 Sekunden über 300 Sekunden brennen. Gemäß den Anweisungen aus dem Buch der Akademie für Wissenschaften der Sowjetunion ist dies die Mindestlänge, die gebraucht wird, um die neuen Elemente analysieren zu können.

Wir haben die Maschine gebaut, um all die notwendigen Analysen durchführen zu können. Unsere Maschine war 3 ½ Meter lang. Das ist die Länge des Prismas, welches das Linienspektrum anzeigt. Für diejenigen, die es nicht wissen: eine Universität benutzt normalerweise ein Instrument von 1 ½ m Länge. Wir benutzten ein 3 ½ m langes Instrument. Es war riesig, ungefähr 9 Fuß hoch und hat die gesamte Garage ausgefüllt.

Während wir den Brenntest durchführten, bekamen wir innerhalb der ersten 15 Sekunden Ergebnisse für Eisen, Silizium, Aluminium, kleine Spuren von Kalzium, Natrium und ein wenig Titan. Dann wurde alles ganz still und es kamen keine weiteren Anzeigen vom Gerät. Dann 20 Sekunden 30, 40, 50 Sekunden und immer noch nichts.

Man sitzt also da, schaut durch das gefärbte Schutzglas und sieht, dass immer noch ein kleiner runder Ball Material auf der Elektrode ist, aber es kommen keine Ergebnisse aus dem Gerät.

Nach 70 Sekunden endlich, genau zu dem Zeitpunkt, den die Sowjetische Akademie der Wissenschaften vorhergesagt hat, fängt das Linienspektrum für Palladium an, sich zu zeigen. Nach dem Palladium kam Platin und anschließend Rhodium. Nach Rhodium Ruthenium, danach Iridium und dann Osmium.

Wenn du so bist wie ich, dann weißt du auch nicht, was das für Elemente sind. Ich hatte schon einmal von Platin, das in Schmuckstücken verarbeitet wird, gehört, aber von den anderen Elementen hatte ich noch nie etwas gehört.

Es gibt 6 Elemente in der sogenannten Platingruppe im Periodensystem, nicht nur Platin. Es sind alles einzelne Elemente, wobei Ruthenium, Rhodium und Palladium die sogenannten leichten Platinelemente, und Osmium, Iridium und Platin, die schweren Platinelemente sind.

Dann fanden wir heraus, dass Rhodium ungefähr 3.000 $ pro Unze kostet. Gold, im Vergleich, kostet 400 $ pro Unze. Iridium kostet ca. 800 $ und Ruthenium 150 $ pro Unze.

Und dann stellst du fest, dass dies wohl wichtige chemische Elemente sein müssen. Sie sind deswegen wichtig, weil eine der besten Quellen, die heute ausgebeutet werden, sich in Südafrika befindet. In dieser Mine muss man eine halbe Meile in den Berg hinein, um dann einen 18" weiten Erzstrang auszubeuten. Dieses Erz enthält sogar nur 1/3 Unze Metall pro Tonne.

In unserer Analyse, die wir für 2 ½ Jahre durchführten, die wir immer wieder wiederholten, in der wir jede einzelne Spektrallinie checkten, jede Möglichkeit der Mischung der Interferenz und der chemischen Ungenauigkeit ausschließen konnten, haben wir Äpfel mit Äpfeln, Orangen mit Orangen und Bananen mit Bananen verglichen, weil wir ganz präzise Ergebnisse haben wollten.

Nach dieser ganzen Zeit war unser Spezialist in der Lage, eine quantitative Analyse vorzulegen und er sagte: „Dave, du hast 6 Unzen pro Tonne Palladium, 12 oder 13 Unzen pro Tonne Platin, 150 Unzen pro Tonne Osmium, 250 Unzen pro Tonne Ruthenium, 600 Unzen pro Tonne Iridium und 800 Unzen pro Tonne Rhodium. Du hast eine Gesamtmenge von 2400 Unzen Edelmetall pro Tonne während das bekannteste und weltweit reichste Lager 1/3 Unze pro Tonne als Ergebnis abliefert".

Wie man sehen kann, war diese Arbeit nicht dazu da, um grundsätzlich zu belegen, dass es diese Elemente gibt, sondern um zu belegen, dass diese Elemente in riesiger Menge vorhanden waren. Sie riefen: „Hey Dummkopf, wach auf, wir versuchen, dir etwas zu zeigen."

Wenn wir sie in nur geringen Mengen gefunden hätten, würde ich die Sache auf sich beruhen lassen haben. Aber es gab sie in so riesigen Mengen, dass ich sagte: „Wie kann es angehen, dass sie in diesen riesigen Mengen vorkommen, und niemand weiß davon?" Erinnere dich, hier geht es nicht um eine Spektralanalyse, es geht um 2 ½ Jahre kontinuierlicher Analyse, eine nach der anderen, jeden Tag. Unser Spezialist hat mich tatsächlich eine Weile lang nicht ins Labor gelassen, weil er die Ergebnisse selbst nicht glauben konnte. Er hat über 2 Monate an diesen Ergebnissen gearbeitet und sich dann bei mir entschuldigt. Er sagte: „Dave, du hast recht." Er war so skeptisch am Anfang und konnte sich nicht selbst bei mir entschuldigen, denn er ist ein Deutscher, und wie alle Deutschen hat er seinen Stolz.

Er ließ seine Frau bei mir anrufen und sich in seinem Namen entschuldigen.

Er war so beeindruckt, dass er zurück nach Deutschland ging, zu seinem speziellen Institut für Spektroskopie. In deutschen Fachjournalen wurde er als der Erfinder dieser Elemente in der Erde der südwestlich amerikanischen Staaten bekannt. Dies sind keine Journale, die du jemals lesen wirst, aber ich habe sie gesehen, und er wurde als Autor aufgeführt.

Diese Wissenschaftler hatten keine Ahnung, wo das Zeug genau herkam, wie wir es herstellten, mit welchen Konzentrationen wir arbeiteten oder von irgendwelche anderen Details. Sie hatten nur diese geringe Menge an Pulver analysiert, die wir ihnen zur Verfügung gestellt hatten.

Das Verrückte ist, alles was wir wirklich getan hatten, war, das Silizium zu entfernen und dann die Sachen einzusenden. Es war ziemlich unglaublich. Nachdem wir alles versucht hatten, um uns selbst eines Irrtums zu überführen und uns dies nicht gelungen war, entschied ich, mehr Geld zu investieren, denn Geld löst alle Probleme, oder?

Also begann ich und stoppte den Brennvorgang der Elektroden bei 69 Sekunden. Ich ließ die Maschine sich abkühlen, nahm ein Taschenmesser und holte die kleine runde Kugel aus der Elektrode heraus. Wenn man den Lichtbogen abschaltet, dann sinkt das Metallkügelchen in den Kohlenstoff der Elektrode hinein, und man muss es aus der Elektrode herauspulen.

Ich schickte diese kleine Metallkugel an die Harlow Laboratorien in London, und sie führten eine Metallanalyse durch. Als ich das Ergebnis bekam, las ich: „Keine Edelmetalle entdeckt". Und dies war eine Sekunde, bevor das Palladium sich in den Spektrallinien gezeigt hätte. Dennoch, gemäß der Methode der Neutronenaktivierung, die den Kern selbst analysiert, gab es in dieser Probe keine Edelmetalle.

Das Ganze ergab keinen Sinn.

Es musste irgendeine Erklärung geben. Entweder ist dieses Material in ein anderes überführt worden oder es besteht in einer Form, die wir noch nicht verstehen können. Ich stellte fest, dass wir mehr Informationen brauchten. Ich wandte mich an einen Doktor der analytischen Chemie. Einen Mann, der darin trainiert war, einzelne Elemente zu separieren, zu analysieren und sie aus einer Gruppe unbekannter Materialien herauszuisolieren. Er hat an der Iowa State University gelernt und dort seinen Doktor in Metalltrennungssystemen gemacht. Es ist der Mann, den Motorola und Sperry gerufen haben, um ihnen bei ihren Wasserverschmutzungsproblemen in Arizona zu helfen.

Er hat mit jedem Element im periodischen System der Elemente gearbeitet, mit Ausnahme von Vieren. Er hat mit den seltensten Böden und mit allen künstlichen von Menschen hergestellten Elementen gearbeitet. Er hat alles von allem getrennt, das sich im periodischen System befindet, mit der Ausnahme der besagten 4 Elemente. Zufälligerweise kam ich zu ihm um 6 verschiedene Elemente von ihm separieren zu lassen. 4 davon waren genau die 4, mit denen er nie gearbeitet hatte.

Er sagt: „Wissen Sie Herr Hudson, ich habe diese Geschichte schon einmal gehört. Ich hörte sie immer während meines gesamten Lebens und ich komme auch aus Arizona.

Ich habe diese Geschichte gehört und bin sehr beeindruckt über die Art und Weise, mit der Sie sich mit diesem Problem befasst haben, insbesondere ihre systematische Vorgehensweise. Ich kann im Moment kein Geld von ihnen annehmen, denn wenn ich von Ihnen Geld annehmen würde, dann hätte ich einen Report abzuliefern, und mein wissenschaftlicher Ruf steht hier auf dem Spiel. Alles, womit ich im Moment mein Geld verdiene, ist mein wissenschaftlicher Ruf. Ich bin der wissenschaftliche Experte im Staate Arizona in Metallurgie und metallischen Trennungssystemen."

Er sagte: „Dave, ich werde für dich kostenfrei arbeiten bis ich dir zeigen kann, wo du dich irrst. Dann werde ich einen schriftlichen Report verfassen, und du wirst mich mit 60 $ pro Stunde, für die gesamte Zeit die ich dafür gebraucht habe, bezahlen." Dies würde ca. 15.000 – 20.000 $ bedeuten, und es würde den gesamten verdammten Problemkreis auflösen. Ich dachte, damit könnte ich das Problem ein für alle Mal aus der Welt schaffen, und dass es die Investition wert wäre, und zu der Zeit war es das für mich.

3 Jahre später erzählte er mir: „Ich kann dir jetzt sagen, dass es keines der anderen Elemente des periodischen Systems ist. Wir sind ausgebildet und trainiert, chemische Trennungen von Materialien in einer bestimmten Weise vorzunehmen und sie dann an andere Institute zu schicken, um diese Ergebnisse bestätigen zu lassen."

Das Material, das ich hier verwende, ist Rhodium, weil es eine einzigartige Farbe in einer Chlorlösung erzeugt. Es ist ein Rot, wie roter Traubensaft. Es gibt kein anderes Element, das so eine Farbe in einer Chlorlösung erzeugt. Wenn mein Rhodium von allem anderen getrennt war erzeugte es genau diese Farbe in Chlorlösung. Der letzte Vorgang, den man zur Trennung dieses Materials unternimmt, ist, die Säure zu neutralisieren, und dann fällt es als rotbraunes Dioxid aus. Dieses Ausfallprodukt wird unter kontrollierten Bedingungen für eine Stunde auf 800°C erhitzt und das erzeugt Anhydriddioxid. Dann hydroreduziert man, wiederum in einer kontrollierten Atmosphäre, um das elementare Material zu bekommen.

Wir neutralisierten die Säure und bekamen das rotbraune Ausfallprodukt. Und das war genau das, was passieren sollte. Wir filterten es heraus, setzten es für eine Stunde einer Sauerstoffatmosphäre aus und hydroreduzierten es, um das besagte grau-weiße Pulver zu erzeugen: das ist genau die Farbe, die Rhodium als reines Element haben sollte.

Dann erhitzten wir es auf 1400°C unter Argon und ließen das Material abkühlen, sodass wir reines schneeweißes Rhodium erhielten.

Das war nicht, was erwartet wurde und ist nicht das, was passieren sollte.

John sagte: „Dave, ich werde es zu einem anhydrierten Dioxyd erhitzen und es dann abkühlen lassen. Ich werde 1/3 der Probe in ein geschlossenes Gefäß geben und den Rest in einem Röhrchen unter Sauerstoff, im Schmelzofen, nocheinmal erhitzen, es wieder abkühlen lassen, es mit Edelgas säubern, es erneut unter Zugabe von Wasserstoff erhitzen, um die Oxide zu reduzieren.

Das wird Wasser erzeugen und das Metall auf diese Art und Weise reinigen. Ich werde es dann abkühlen lassen, um das grau-weiße Pulver zu erzeugen. Eine Hälfte davon werde ich in einen versiegelten Behälter geben und den Rest, das letzte 1/3 des Pulvers, werde ich noch einmal im Ofen erhitzen. Ich werde es oxidieren, hydroreduzieren und wieder das weiße Pulver erzeugen. Dann werde ich alle 3 verschlossenen Behälter an das Pacific Spectrochem in Los Angeles schicken, eine der besten spektroskopischen Firmen in den USA überhaupt."

Die erste Analyse kam zurück mit dem Ergebnis, dass das rotbraune Material Eisenoxyd ist. Die zweite Analyse kam mit dem Ergebnis Silizium, Aluminium und kein Eisen zurück.

Das ist sehr seltsam; hörte das Eisen auf, Eisen zu sein und wurde zu Silizium und Aluminium, nur indem man Wasserstoff auf das Eisenoxyd gab? Und es war eine große Probe. Wir haben also Eisen in Silizium und Aluminium verwandelt.

Das schneeweiße Pulver wurde analysiert als Kalzium und Silizium. Wo ist das Aluminium geblieben? John sagte: „Dave, mein Leben war so einfach bevor ich dich traf. Dies hier macht absolut keinen Sinn für mich. Unsere Arbeit wird alle dazu zwingen, Physik- und Chemiebücher neu zu schreiben, um zu einem völlig neuem Verständnis der Vorgänge zu kommen."

Dann gab er mir seine Rechnung und die Summe belief sich auf $ 130.000,-, die ich ihm auch bezahlte. Dann sagte er noch: „Ich habe es physikalisch separiert und chemisch gecheckt auf 50 verschiedene Arten und hier sind die Ergebnisse: Du hast 4–6 Unzen pro Tonne Palladium, 12–14 Unzen pro Tonne Platin, 150 Unzen pro Tonne Osmium, 250 Unzen pro Tonne Ruthenium, 600 Unzen pro Tonne Iridium und 800 Unzen pro Tonne Rhodium."

Exakt die gleichen Zahlen die mir vorher der Spektroskopie Fachmann mitgeteilt hatte. Das war eine so unglaublich hohe Zahl, dass John meinte: „Ich muss mir das Material einmal in seiner natürlichen Umgebung ansehen und meine eigenen Proben nehmen." Er kam mit mir nach Phoenix und nahm seine eigenen Proben, tat sie in einen Beutel, brachte sie zurück zum Labor, pulverisierte die gesamte Probe, fing mit einer Analyse an, die „Hauptstichprobe" (Master blend sample) genannt wird und kam wieder zu denselben Ergebnissen.

Wir haben an dem Problem von 1983–1989 gearbeitet. Ein Dr. der Chemie, drei

Diplomchemiker und zwei Techniker haben Vollzeit an diesem Problem gearbeitet.

Wir nahmen die Ergebnisse der Sowjetischen Akademie für Wissenschaft als Ausgangsbasis, zusammen mit denen des US-Büros für Standardgewichte und Maßeinheiten. Auf diese Art und Weise lernten wir, qualitative und quantitative Messungen an den Elementen vorzunehmen. Wir lernten, wie man kommerzielle Standardisierungsmethoden für diese Elemente nimmt und sie einfach verschwinden lässt. Wir lernten auch, wie man Rhodiumtrichlorid, das ist das Referenzmaterial, *von Johnson, Matthew & Ingelhardt* kauft und lernten, wie man die Metallverbindungen darin aufbricht, bis in der roten Lösung, die dann entsteht, kein Rhodium mehr nachzuweisen ist. Alles, was ursprünglich von Johnson, Matthew & Ingelhardt kam, war nichts als reines Rhodium.

Wir lernten, wie man das mit Iridium, Gold, Osmium und Ruthenium machte. Dann fanden wir noch etwas heraus, nachdem wir eine Maschine gekauft hatten, die Hochdruck-Flüssigkeitschromatograph heißt.

Und nur zu eurer Information, die Person, die dieses Gerät entwickelt hat, *John Sycapose*, hat seine Doktorarbeit darüber geschrieben und ist derjenige, der für mich damit gearbeitet hat. Seine ersten Entwürfe dieser Maschine stammen aus den Jahren 1963/64.

Irgendwann hat die Firma *Dow Chemical* seine Erfindung gekauft und sie in großem Maßstab kommerzialisiert. So wurde daraus das empfindlichste und beste chemische Trennungssystem, das die Welt kennt.

Heute wird es natürlich computerisiert benutzt, und die Messungen sind noch genauer. Dieser Mann kannte das Gerät in- und auswendig und kannte die Grenzen, an die es geführt werden konnte. Er war der perfekte Mann, um die Technologie noch weiter zu entwickeln.

Warum ich euch das alles erzähle, hat folgenden Hintergrund. Das Wort Metall ist wie das Wort Armee. Man kann keine 1-Mann-Armee haben. Das Wort Metall bezieht sich auf ein zusammengeballtes Material und dieses zusammengeballte Material hat bestimmte Eigenschaften: elektrische Leitfähigkeit, Wärmeleitfähigkeit und all die anderen Aspekte.

Wenn man Metall in Säure auflöst, bekommt man eine Lösung, die völlig durchsichtig und ohne jeden soliden Bestandteil ist. Man kann annehmen, dass es sich um freie Ionen handelt, aber wenn man mit edlen Elementen zu tun hat, sind es keine freien Ionen. Das nennt man *Cluster Chemistry*.

Seit den 1950er Jahren gibt es in den Universitäten ganze Bereiche, die sich nur mit Cluster Chemistry und katalytischen Materialien befassen. Die Metallbindungen bleiben intakt und man bekommt Rhodium 12 Cl 36 oder Rhodium 15 Cl 45, wenn man Rhodiumtrichlorid von Johnson, Matthew & Ingelhardt kauft, man bekommt aber kein Rhodium Cl 3. Es gibt einen großen Unterschied zwischen einem Material, das Metall-Metall-Bindung hat und einem freien Ion. Was man dann kauft, ist Cluster Chemistry, man bekommt keine freien Ionen.

Wenn man es also in analytische Instrumente einführt, dann werden die Metall-Metall Bindungen des Clusters analysiert und nicht die Ionen.

Ich hörte, dass *General Electric* Brennstoffzellen aus Rhodium und Iridium herstellen wollte. Ich nahm Kontakt mit den entsprechenden Technikern in Massachusetts auf und reiste dort hin, um sie zu treffen.

Zuerst mussten wir uns von 3 Anwälten untersuchen lassen, denn sie hatten die Aufgabe, General Electric zu schützen, weil es viele Menschen gibt, die behaupten, sie hätten neue Technologien, sich dann mit den Mitarbeitern von General Electric treffen und später dann behaupten, General Electric hätte ihre Technologie gestohlen. Um sich vor Gericht verteidigen zu können, muss General Electric seine patentierten oder geheimen Technologien preisgeben. Aus diesem Grund ist General Electric grundsätzlich sehr skeptisch, wenn man an sie herantritt und behauptet, man hätte etwas Neues zu bieten. Diese Anwälte nahmen uns also sehr genau unter die Lupe.

Nach einer Stunde sagten sie: „Die Typen sind echt." Die Techniker von General Electric hatten die Explosion auch beobachtet und wussten, dass, wenn sie das kommerzielle Rhodiumtrichlorid kauften, es leicht zu analysieren ist. Um es aber für ihre Brennstoffzellen vorzubereiten, mussten sie es einer „Effusion" unterziehen.

Dazu benutzen sie eine Salz-Effusion, wobei das Salz geschmolzen wird und dann Metall hinzugefügt wird, um es weiter zu verdünnen. Sie wussten, dass unter diesen Umständen das Rhodium nicht mehr so leicht zu analysieren ist.

Als wir ihnen erzählten, dass wir Rhodium hätten, das man als solches gar nicht analysieren konnte, hielten sie das für durchaus möglich. Sie hatten so etwas nie selbst erlebt, aber sie waren interessiert. Diese Leute waren dieselben, die auch die Analyseinstrumente von General Electric bauen. Daher sagten sie:

„Dave, warum machst du uns nicht einfach einen Haufen von deinem Rhodium und wir bauen es in unsere Brennstoffzellen ein und sehen wie es funktioniert.

[Anmerkung von Barry: Wie funktioniert die Umwandlung von monoatomarem Rhodium in metallisches Rhodium, das in diesen Brennstoffzellen benutzt wird?].

Wir werden es dann an einer Stelle testen, an der nur Rhodium funktioniert. Es ist bisher kein anderes Metall außer Rhodium und Platin gefunden worden, das in Brennstoffzellen funktionieren würde, und an dieser Stelle ist Rhodium ganz besonders einzigartig, da es im Gegensatz zu Platin kein Kohlenmonoxyd erzeugt."

Sie sagten: „Dave, wir werden damit arbeiten, um festzustellen, ob es wasserstofferzeugend ist und kohlenmonoxydstabil, und wenn es das ist, dann muss es entweder Rhodium sein oder ein Stoff, der wie Rhodium wirkt." Wir arbeiteten ungefähr 6 Monate daran, ein ganz besonders sauberes Material zu erzeugen, damit die Leute von General Electric keinerlei Probleme damit hatten. Wir schickten es dann zu Toni La Conte, einem Mitarbeiter von General Electric.

General Electric hatte zu dem Zeitpunkt seine Abteilung für Brennstoffzellen bereits an die Firma United Technologies verkauft, die bereits selbst eine eigene Abteilung für Brennstoffzellen betrieb. So kam es, dass die Mitarbeiter von General Electric, die jetzt für die United Technologies tätig sein mussten, nicht mehr in den Führungspositionen arbeiteten, die sie gewohnt waren, und nach einer Weile verließen sie alle die Firma United Technologies. Einer von ihnen, Jose Geener, gründete eine eigene Firma und übernahm alle seine Kollegen. Der Sitz seiner Firma war in Waltham, Massachusetts und er nannte sie Geener Incorporated.

Wir nahmen Kontakt mit den Leuten von Geener Incorporated auf und schickten ihnen unser Material. Sie analysierten es, und wie erwartet, fanden sie keinerlei Rhodium. Als sie es dennoch in ihre Brennstoffzellen einbauten funktionierte es, genau wie erwartet, mehrere Wochen, wie nur Rhodium funktionieren würde, und es war kohlenmonoxydstabil.

Nach den besagten 3 Wochen schalteten sie die Brennstoffzellen ab und schickten die Elektroden zur Analyse in dasselbe Labor, das vorher festgestellt hatte das sie keinerlei Rhodium enthielten und nun stellten sie plötzlich fest, dass 8% Rhodium in den Elektroden waren. Durch diesen Prozess in den Brennstoffzellen ist irgendwie metallisches Rhodium entstanden, das jetzt nachgewiesen und analysiert werden konnte.

Die ehemaligen General Electric Mitarbeiter sagten zu mir: „Dave, wenn du der erste bist, der dies entdeckt hat, dann solltest du es patentieren lassen. Machst du es nicht, so kann es jeder andere tun und dir verbieten, damit weiterzuarbeiten."

Zuerst war ich nicht daran interessiert, ein Patent darauf anzumelden, jedoch überlegte ich es mir dann anders. Im März 1988 habe ich amerikanische und weltweite Patente auf diesen Prozess angemeldet. Wir nannten die Substanzen, die wir patentieren ließen, Orbitally Rearranged Monoatomic Elements oder kurz Ormes. Es gibt Orme Gold, Orme Palladium, Orme Iridium, Orme Ruthenium, Orme Osmium und alle zusammen heißen Ormes.

Im Verlaufe dieser Patentanmeldung verlangte das Patentbüro von uns genauere Daten über ein Problem mit der Gewichtszunahme, wenn das Material der normalen Atmosphäre ausgesetzt war. Ich spreche hier nicht von ein bisschen Gewichtszunahme, sondern von über 20–30%. Dieser Vorgang würde normalerweise Absorption von atmosphärischen Gasen genannt. Die Luft reagiert und erzeugt dadurch eine Gewichtszunahme, aber normalerweise nicht im Bereich von 20–30%.

Nichtsdestotrotz mussten wir dem Patentbüro Daten liefern. Wir mussten genauere Daten finden, daher benutzten wir ein Gerät, das sich Thermogravimetrisches Analysegerät nennt. Mit diesem Gerät hat man die komplette Kontrolle über die atmosphärischen Bedingungen einer Reaktion. Es ist völlig versiegelt. So kann man unter ständiger Kontrolle des Gewichts und der atmosphärischen Bedingungen alle Dinge oxidieren, reduzieren und chemisch so behandeln, wie man möchte. Unsere Geldmittel reichten nicht, um eine zu kaufen, daher liehen wir uns von der Firma Bay Area eine. Wir liehen sie uns und verbanden sie mit unserem Kontrollcomputer.

Während einer dieser Vorgänge erhitzten wir die Probe um 2°C pro Minute und kühlten sie auch um 2°C pro Minute ab. Wir fanden dadurch heraus, dass, wenn wir das Material oxidierten, wir 102% und wenn wir es reduzierten 103% vom Ursprungsgewicht hatten. Soweit so gut, das ist kein Problem, als es jedoch schneeweiß wurde, wog es nur noch 56%, und das ist unmöglich.

Wenn man es abkühlt und es schneeweiß wird, dann wiegt es nur noch 56%

seines Ursprungsgewichtes. Wenn man es dann wieder erhitzt, bis es mit dem Behältnis, indem es sich befindet, verschmilzt, wird es schwarz und erhält sein ursprüngliches Gewicht zurück. Die Gewichtsdifferenz ist also nicht im Nichts verschwunden, sie war immer noch da, aber das konnte nicht mehr durch Messen des Gewichts festgestellt werden. Jeder, der dieses Phänomen beobachtete, sagte: „Das kann nicht sein, dass muss falsch sein!"

Wir erhitzten es, kühlten es, erhitzten es, kühlten es, erhitzten es, kühlten es, erhitzten und kühlten es unter Helium und Argon, und wenn wir es kühlten wog es 300–400% seines Ursprungsgewichts, und wenn wir es erhitzten wog es manchmal weniger als nichts.

Das waren alles hochspezialisierte Experten, und sie kamen herein und sagt: „guck dir das Mal an, das macht alles keinen Sinn".

Die Maschine ist hochpräzise gebaut und wird genauso gesteuert. Dieses Material wird nicht-magnetisch hineingegeben und wird bei 300 ° C magnetisch. Und es ist ein starker Magnet. Und dann erreichst du 900 ° C und der Magnetismus verschwindet.

Und man kann beobachten, ob der Magnetismus des Materials mit dem der Heizspulen irgendwie interagiert und dadurch eine Gewichtsveränderung hervorruft.

Das Heizelement ist zweifadig gewunden. Es ist erst in eine und dann in die entgegengesetzte Richtung um das Testmaterial herumgewickelt. D. h. der Stromfluss läuft gegen sich selbst.

Die durch den Stromfluss erzeugten Magnetfelder haben sich auf die Weise aufgehoben. Genau wie in einem Fernseher, um alle Magnetfelder zu annullieren.

Das Gerät ist also extra so konstruiert, dass sich die Magnetfeldeffekte gegenseitig aufheben. Als wir einen Testlauf mit magnetischem Material machten, ergab sich auch bei Erhitzung und damit verbundenem Verlust des Magnetismus keine Gewichtsveränderung.

Mit unserem Material jedoch ergab sich bei Weißglut 56% Verlust seines Gewichts. Nach Abkühlung ging es auf das Ursprungsgewicht zurück. Der Gewichtsverlust konnte sogar auf weniger als null Eigengewicht ansteigen und wenn es abkühlte, stieg es auf 3-400%, um dann wieder auf 56% zu fallen.

Jetzt kontaktierten wir Berean und sagten ihm, mit seiner Maschine wäre was nicht in Ordnung. Sie würde einwandfrei arbeiten, bis wir Ormus benutzen, und wenn das schneeweiß würde, dann funktioniert die Maschine nicht mehr richtig.

Berean, der sich die Testergebnisse ansah, meinte: wenn ihr mit Superkühlung gearbeitet hättet, würde ich sagen, es ist ein Supraleiter, aber da ihr es ja erhitzt habt haben wir keine Ahnung, was da vorgeht.

Bisher musste ich Chemie und Physik lernen, jetzt kann ich auch noch die Physik der Supraleiter dazu. Also lieh ich mir ein paar universitätslevel Studienbücher über Supraleiter und begann zu lesen.

Als nächstes nahmen wir dann unser weißes Pulver und sagten: wenn das jetzt ein Supraleiter ist, müssten wir doch in der Lage sein, es auf den Tisch zu legen und einen Spannungsmesser daran anzuschließen. Unser Voltmeter hat zwei Elektroden, und wir verbinden es mit einem Draht und schalten eine Batterie dazwischen, und dann sollte es uns den Spannungswiderstand im Draht anzeigen.

Nun, falls das Pulver der perfekte Supraleiter ist, dann erwartet man, wenn man das Pulver mit einer Elektrode an einem Ende berührt und mit der anderen am anderen Ende und den Strom einschaltet, dass die Nadel einfach, bum, nach oben geht, nicht wahr? Aber nichts, null Komma nichts; überhaupt keine Supraleitfähigkeit. Also wunderten wir uns: Was geht hier vor?

Wir fanden heraus, dass die Definition eines Supraleiters die ist, dass er nicht zulässt, dass irgendein Spannungspotential oder irgendein magnetisches Feld im Inneren der Probe vorhanden ist. Ein Supraleiter verdrängt also per Definition jedes Spannungspotential im Inneren der Probe. Es erfordert Spannung, um Strom von einer Leitung wegzunehmen. Um den Strom wieder auf die Leitung zu bekommen, wird auch wieder Spannung benötigt.

Ich weiß, dass jetzt natürlich Ihre Frage lautet: „Wofür zum Teufel ist dieses Zeug denn dann gut?" Wenn man keine Energie hineingeben und keine Energie wieder herausbekommen kann, wofür ist es dann gut?

Nun, was wir schließlich herausfanden war, dass es im Supraleiter eine einzelne Lichtfrequenz gibt, genau wie in einem Laser, die unaufhörlich im Innern des Supraleiters fließt. Und während sie innen im Supraleiter fließt, produziert sie um sich herum etwas, was ein Meißner-Feld genannt wird, welches ausschließlich bei Supraleitern vorkommt.

Ein Meißner-Feld verdrängt alle äußeren magnetischen Felder aus der Probe. Daher muss es weiß sein. Alles, was jegliches Licht aus der Probe verdrängt, muss weiß sein. Alles, was alles Licht absorbiert, muss schwarz sein. Ich spreche jetzt über einen Supraleiter, der aus einem einzelnen reinen Element besteht. Er muss weiß sein, wenn er Strom völlig ohne Widerstand leiten soll.

Was man tun muss, ist, mit Hilfe eines Radiofrequenzsenders den Supraleiter so auf eine Resonanzfrequenz einzustellen, dass er mit der Frequenz des Kabels in Übereinstimmung ist. Der Draht ist also nun mit seinen Elektronenwellen in Oszillation, ganz genauso wie der Supraleiter. An diesem Punkt kann das Elektronenpaar ohne jeden Anstoß zum Supraleiter hinübergehen.

Elektronen bewegen sich ständig auf dem Kabel und suchen den Weg des geringsten Widerstandes. Wenn man sie daher in perfekte Synchronisation mit dem Supraleiter gebracht hat, bewegen sie sich paarweise auf ihm, ohne irgendeinen Anstoß.

Dies benötigt eine kleine Erklärung, denn ein Elektron mit dem Spin ½ plus ein anderes Elektron mit dem Spin ½ sind zwei Partikel. Wenn diese zwei Partikel jedoch perfekt wie Spiegelbilder gepaart werden, verlieren sie alle Teilcheneigenschaften, und sie werden zu nichts als reinem Licht. Das ergibt auch keinen Sinn, nicht wahr? Aber so ist es. Spin einhalb plus Spin einhalb ergibt Spin eins, der jetzt reines Licht ist.

Vertrauen Sie mir, es ist so. Sie können also nicht als einzelne Elektronen weiterexistieren, sie existieren als Licht weiter. Eine verrückte Eigenschaft von Elektronen ist die, dass ein Elektron in einem Raumzeit-Kontinuum existieren kann, und wenn es dann zu einer anderen Raumzeit wandert, gibt es Licht ab oder absorbiert Licht. Es wandert also von einer Raumzeit zu einer anderen. Nun haben wir Licht, das aus zwei Elektronen besteht. Licht existiert nicht in irgendeiner Raumzeit. Man kann 50 Milliarden Lichter alle in dieselbe Raumzeit stecken, und das macht dann auch nichts Besonderes.

Wir haben aber auch keinen Leiter vorliegen. Wenn man einen Draht unter Strom setzt, muss man den Strom auch ableiten, oder er wird nicht fließen. Man muss ihn erden, stimmts? Bei einem Supraleiter ist das nicht so. Man kann weitermachen und weitermachen und weitermachen und die Energiequelle muss nicht abgeschaltet werden. Wenn man die Energie abnehmen will, muss man einen Draht in der Nähe anbringen, und man muss die Resonanzfrequenz des Drahtes auf die Frequenz des Supraleiters einstellen. Und wenn sie in perfekter Harmonie sind, gibt man Spannung dazu und puff, ist die Energie weg.

Wenn man also buchstäblich einen Supraleiter herstellen könnte, der sich von Portland nach New York City erstreckt und man die Energie hier zwei oder drei Tage lang einschalten würde, müsste man sie drüben nicht herausnehmen. Es ist okay, wenn man sie weiter einspeist. Und wenn sie die Energie in New York wollen, können sie die Resonanzfrequenz des Drahtes entsprechend einstellen, Spannung hinzugeben und die Energie heraussaugen. Sie hat auf dieser Quantenwelle des Supraleiters freie Fahrt auf der ganzen Strecke von Portland nach New York, als Licht – nicht als Elektrizität.

Wie kann man dieses Licht messen, wenn es keine Spannung besitzt? Wie wäre es möglich, eine Maschine zu bekommen, die dieses Licht messen könnte? Die gibt es natürlich nicht. Jede Art von Instrumentierung, die der Mensch jemals erfunden hat, benutzt immer ein Differential, das abgegeben werden muss, und ein Supraleiter hat eben keine Spannung.

Den Supraleiter bekommt man buchstäblich zum Fließen, indem man ihn einem magnetischen Feld aussetzt. Er reagiert auf das magnetische Feld, indem in seinem Inneren Licht zu strömen beginnt und indem er außen ein größeres Meißner-Feld um sich herum aufbaut. Sie können einen Magneten hinlegen und weggehen. Sie kommen hundert Jahre später wieder, und der Supraleiter leitet immer noch genauso, wie zu dem Zeitpunkt, als sie fortgingen. Er lässt niemals nach. Er verdrängt nicht nur 99 Komma 9999 Prozent aller externen magnetischen Felder, er verdrängt alle 100 Komma 000000 Prozent. Es gibt absolut keinen Widerstand in der Probe; sie ist immerwährende Bewegung. Sie läuft für immer und immer und immer.

Der russische Physiker Sacharow sagte in den 1960er Jahren, dass wir auf der Suche nach der Schwerkraft sind, sie aber nie als ein magnetisches Feld finden würden. Schwerkraft ist das, was produziert wird, wenn Protonen, Neutronen und Elektronen in wechselseitige Reaktion mit der Vakuumenergie treten, mit jener Energie, die überall im Universum zu finden ist, zeitlos; diese Energie, die wie der Äther ist.

Wenn man alle Wärme und alle Materie abgepumpt hat, alles, dann ist immer noch Energie da: die Vakuumenergie. Wenn keine Materie vorhanden ist, gibt es auch keine Schwerkraft. Eine interessante Theorie. Eine Zeit lang wurde sie von allen irgendwie ignoriert.

Dann war da dieser Typ namens Hal Puthoff, der hier in der Bay Area Gegend in Kalifornien arbeitete und Experimente über Fernwahrnehmung anstellte. Jetzt arbeitete er unten in Austin, Texas [am Institute for Advanced Studies]. Er entwickelte tatsächlich die Mathematik für Sacharows Schwerkrafttheorie und veröffentlichte dies in einem der Top-Wissenschaftsjournale.

Er zeigt in seiner Mathematik, dass, wenn Materie mit zwei Dimensionen zu interagieren beginnt, sie theoretisch vier Neuntel ihres Gravitationsgewichts verlieren müsste, im Gegensatz zu einer Interaktion mit drei Dimensionen (ein Supraleiter ist per Definition ein resonanzgekoppelter Quantenoszillator, der mit zwei Dimensionen in Resonanz steht, nicht mit drei).

Ich entschied: „Ich muss Hal Puthoff da unten treffen. Ich muss alle meine Unterlagen mitnehmen und mich dort unten mit Hal Puthoff treffen."

Das tat ich also, und ich sagte zu ihm: „Hal, wir haben die experimentelle Bestätigung, dass Ihre Mathematik tatsächlich absolut richtig ist. Und außerdem ist Sacharows Theorie der Schwerkraft absolut richtig, denn dieses Material wiegt nur 56 Prozent, wenn es in den Supraleiterzustand übergeht."

Hal Puthoff sagte: „Dave, begreifen Sie auch, dass die Schwerkraft das ist, was die Raumzeit bestimmt? Wenn dieses Material nur 56 Prozent seiner wahren Masse wiegt: Ist Ihnen klar, dass dieses Material dann tatsächlich die Raumzeit krümmt?" Nun, wenn man so darüber nachdenkt, scheint das richtig zu sein.

Er sagte: „Dave, was wir wirklich brauchen, ist ein Material, das die Raumzeit komplett krümmt; ein Material, das überhaupt keine Schwerkraftanziehung mehr besitzt. Weniger als Null."

Das war das, was er in seinen Veröffentlichungen als „exotische Materie" bezeichnete. Ich sagte: „Hal, wissen Sie, dass, wenn man dieses Material erhitzt, es überhaupt keine Schwerkraftanziehung mehr hat?"

Ich hatte Veröffentlichungen über Vakuumenergie gelesen. Wissen Sie, dass es da eine Überlappung zwischen dem thermischen Spektrum und dem Nullpunkt-Spektrum gibt? Beide überschneiden sich. Wenn man daher etwas erhitzt, müsste es mit der Nullpunkt-Energie reagieren. Dieses Material konnte mit zwei Dimensionen in Resonanz treten, daher verliert es buchstäblich alle Schwerkraftanziehung, wenn man es erhitzt. Wissen Sie, was Puthoff zu mir sagte?

Er sagte: „Dave, an diesem Punkt könnte es sein, dass Sie das Material nicht mehr sehen können." Ich sagte: „Richtig. Man kann durch die Quarzröhre in den Tiegel schauen, und es ist nichts im Tiegel drin. Aber der Tiegel wiegt nicht das, was er wiegen würde, wenn der Stoff nicht mehr darin wäre."

Nun hatte ich fälschlicherweise angenommen, dass das Material einfach auf einer Frequenz schwingen würde, die wir nicht wahrnehmen konnten.

Er sagte: „Dave, theoretisch müsste dass Material sich aus diesen drei Dimensionen zurückziehen. Es dürfte überhaupt nicht mehr in diesen drei Dimensionen existieren."

Ich sagte: „Wow."

Er sagte. „Dave, Sie müssen sich ein Experiment ausdenken, wo Sie folgendes machen können: Während das Material nicht da ist, gehen Sie mit einem Arm durch den Tiegel mit der Probe. Wenn es also vorhanden ist und auf einer Frequenz schwingt, die Sie nicht wahrnehmen können, schlagen sie es aus dem Tiegel heraus – denn, wenn Sie es wieder abkühlen und es wieder aufzutauchen beginnt, erscheint es immer in derselben Form und an derselben Stelle wie vorher, bevor es verschwand. Das wäre ein Beweis dafür, dass es unsere drei Dimensionen verlassen hat." Und er sagte. „Dave, wenn Sie das tun, werden Sie nie mehr Geldmangel haben."

1988 meldete ich nicht nur ein Patent für Ormes an (auf Englisch „Orbitally Rearranged Monoatomic Elements"), sondern auch für S-Ormes, das resonanzgekoppelte Quantenoszillationssystem für viele Atome dieser Ormes-Elemente. Ich besitze elf Patente auf Ormes und weitere elf Patente auf S-Ormes, also 22 insgesamt.

Welche weiteren Aspekte hat also ein Supraleiter? Wie beweist man, dass es ein Supraleiter ist? Man nimmt buchstäblich ein konstantes magnetisches Feld, und man setzt das Material dem konstanten magnetischen Feld aus.

Falls es kein Supraleiter ist, und man setzt ihn einem magnetischen Feld aus, so erhält man positive Induktion. Wenn man es als Kurve darstellt, das angewandte magnetische Feld gegenüber der Induktion, das magnetisches Feld versus Induktion, und wenn es ein perfekter Isolator (Nichtleiter) ist, so läuft alles total parallel. Ganz egal, wie groß das magnetische Feld ist, das man einsetzt, man erhält keine Induktion. Falls es ein perfekter Leiter ist, wird schon das kleinste magnetische Feld die Anzeige steil nach oben gehen lassen.

Falls es ein Supraleiter ist, und man ihn einem magnetischen Feld aussetzt, so wird die Anzeige negativ. Er isst buchstäblich das magnetische Feld auf. Er ernährt sich von dem magnetischen Feld und nimmt es in sich auf. Negative Induktion in einem positiv geladenen magnetischen Feld ist der Beweis für einen Supraleiter.

Mit anderen Worten, wenn man eine Maschine hätte, die ein Supraleiter wäre und an normalen Stromleitungen vorbeikäme, würde sie das Spannungspotential der elektrischen Leitungen aufheben; oder wenn sie bei einem Haus vorbeikäme, das Elektrogeräte hat, würde sie diese buchstäblich abstellen, oder sie flackern und dann ausgehen lassen.

Verstehen Sie? Wenn Sie eine Maschine hätten, die das tun könnte, dann könnte sie sich buchstäblich in der Raumzeit bewegen. Wie Hal sagte, könnte sie in der Raumzeit verschwinden und wieder erscheinen. Sie könnte sich aus diesen drei Dimensionen in eine fünfte Dimension zurückziehen, wo es keine Entfernung und keine Zeit zwischen hier und anderen Sternensystemen gibt, und dann könnte sie von dort wieder in diesem Sternsystem auftauchen. Haben Sie jemals von irgendetwas gehört, das so etwas tun kann?

Auf jeden Fall ist das Material sehr, sehr wichtig. Die Art, wie es arbeitet, ist sehr wichtig, denn wir sprechen darüber, die Schwerkraft und die Raumzeit zu kontrollieren.

Lassen Sie mich Ihnen nun eine Analogie geben. Falls es mir möglich wäre, Ihren molekularen Körper so klein schrumpfen zu lassen – in eine Miniaturisierung, die Sie so winzig machen würde, dass Sie in ein Atom hineinklettern könnten – so wären Sie unten in der Welt der Quanten, wo es keine Vorwärts- und keine Rückwärtszeit gibt. Alles ist gegenseitig austauschbar. Es gibt dort keine Zeit, wie wir sie kennen. Wir würden unsterblich werden. Wir könnten buchstäblich für immer in der Welt der Quanten leben.

Ein Supraleiter, das sind Milliarden und Milliarden und Milliarden von Atomen, die alle wie ein großes Makroatom handeln. So könnte man sich ein Fahrzeug bauen, in das man hineinklettern kann und das ein Supraleiter ist. Man setzt es unter Spannung und alle äußeren magnetischen Felder, einschließlich der Schwerkraft, werden verdrängt. Und so sind Sie jetzt in dieser Welt, aber nicht von dieser Welt. Hören Sie gut zu. In dieser Welt, aber nicht von dieser Welt. Sie können also nur, indem man das Gefährt erhitzt, aus dieser Raumzeit verschwinden; ganz einfach weg.

Nun würden Sie aber immer noch in der Lage sein, jeden dort zu sehen, aber die anderen können Sie nicht mehr sehen. Es ist so ähnlich, wie über dem Wasser zu sein und hinunter ins Wasser auf die Fische zu schauen. Sie sind nicht in ihrer Welt, aber Sie können sie sehen. [Jemand aus dem Publikum unterbricht mit einem Kommentar.] „Aber man hätte auch keine Gedanken mehr, denn diese erzeugen elektromagnetische Felder."

[Großes Schweigen bei Dave Hudson. Dann gibt eine Person aus dem Publikum einen weiteren Kommentar ab.] „Sie würden einfach nur reines Bewusstsein besitzen."

„Das ist richtig", [bemerkt Dave und setzt dann seinen Vortrag fort.]

Wie Sie sehen, wird dies sehr schnell sehr philosophisch. Wir entschieden: „Nun denn, wenn wir diese analytische Fähigkeit besitzen und wir diesen Stoff quantitativ und qualitativ analysieren können, wo ist er sonst noch?"

Wir gingen also zu A. J. Bayless und besorgten uns einige Kuh- und Schweinehirne. Wir verkohlten diese Gehirne in Schwefelsäuredämpfen. Dies war eine wirklich dreckige Angelegenheit, aber es war die einzige Methode, die wir kannten. Wir waren keine organischen, sondern anorganische Chemiker, daher zerstörten wir die Kohle, karbonisierten sie, fügten viel, viel, viel Salpetersäure hinzu, legten sie wieder und wieder in Schwefelsäure, dann mehr Salpetersäure, Schwefelsäure, mehr Salpetersäure, bis wir alle Kohle losgeworden waren. Als nächstes Wasser, Wasser, Wasser, bis wir alle Salpeterverbindungen los waren. Dann machten wir eine Metallsulfat-Analyse.

Wussten Sie, dass über fünf Prozent des Trockengewichts des Gehirngewebes aus Rhodium und Iridium in hohem Spinzustand besteht? Wussten Sie, dass die Art, wie Zellen miteinander kommunizieren, über Supraleiter funktioniert?

Die Forschungsabteilung der US-Marine weiß, dass die Art, wie Zellen miteinander kommunizieren, mittels Supraleitern passiert, und sie haben dies tatsächlich gemessen, indem sie SQUIDs (Superconducting Quantum Interference Devices, Supraleitende Quanten-Interferenz-Geräte) benutzten. Mit Hilfe diese Prozedur haben sie gesehen, dass das Licht buchstäblich zwischen den Zellen, von Zelle zu Zelle, fließt.

Wussten Sie, dass ihre Nervenimpulse keine Elektrizität sind, sondern dass sie sich eher mit Schallgeschwindigkeit als mit Lichtgeschwindigkeit fortbewegen? Strom fließt beinahe mit Lichtgeschwindigkeit. Wussten Sie, mit welcher Geschwindigkeit sich die Welle des Supraleiters fortbewegt? Mit Schallgeschwindigkeit.

Tatsächlich ist es das in unserem Körper, was wir Bewusstsein nennen. Das ist es, was uns von einem Computer unterscheidet. Es ist buchstäblich das Licht des Lebens. Das ist jener Teil unseres Körpers, der die ganze Zeit da gewesen ist, den die Wissenschaftler nicht finden können, weil ihre Instrumente ihn nicht sehen können. Sie nennen es Kohlenstoff, da er kein Absorptions- oder Emissionsspektrum besitzt, und sie nehmen daher an, es sei Kohlenstoff, aber in Wirklichkeit ist es nicht Kohlenstoff.

Es gibt elf Elemente, aus denen er bestehen könnte, aber es sind vorwiegend die Elemente Rhodium und Iridium, die auch jetzt in Ihrem Körper sind. Sie sind resonanzgekoppelt und lassen buchstäblich das Licht des Lebens durch unseren Körper fließen. Und um unseren Körper herum haben wir ein nichtpolares magnetisches Feld, welches das Meißner-Feld genannt wird. Es ist auch als Aura bekannt.

Dies sind buchstäblich die Geistatome in unserem Körper. Dies sind die Atome, die sich in Resonanzharmonie befinden und mit der Vakuumenergie in Resonanz treten, und die Vakuumenergie ist eine andere Dimension, in der es keine Zeit gibt.

Alles, was jemals existiert hat, und alles, was jemals existieren wird, ist im Vakuum registriert. Und ich werde Ihnen jetzt erzählen, meine Freunde, dass, wenn Sie vor Ihrem Gott stehen, Sie ihn im Vakuum treffen werden. Von dort kam alle Materie her, dort hatte sie ihren Ursprung, und dort ist es, wo alles aufgezeichnet wird. Und unsere Verbindung besteht über diese Resonanzoszillatoren, die sich in Quantenresonanz mit der Vakuumenergie befinden. Das ist es, was das Licht des Lebens aus der Welt der Quanten in den Makro-Körper bringt, den wir als unser eigenes physisches Dasein bezeichnen.

Diese Atome sehen im Makrozustand und getrocknet wie ein weißes Pulver aus. Aber wenn man sie unter einem Mikroskop anschaut, sehen sie eigentlich wie Glas aus. Man kann das weiße Pulver tatsächlich unter einem Vakuum auf 1160 ° C erhitzen, und es bildet ein Glas, das wie Fensterglas aussieht. Dies ist eine weitere Form, in der das Element existieren kann.

Man versteht schließlich, dass jedes einzelne dieser Atome mit der Vakuumenergie in Resonanz schwingt. Man kann nicht ein einzelnes Atom anschirren. Man kann ihm nicht Zügel anlegen und sagen: „Arbeite für mich!" Es handelt sich hier um eine immerwährende Bewegungsmaschine. Wenn ein Atom in zwei Dimensionen in Resonanz hin- und herschwingt, erzeugt es eine Quantenwelle, die von ihm ausgeht. Das nächste Atom schmiegt sich an diese Welle an und führt die Welle fort.

Die Atome liegen in Wirklichkeit zu weit auseinander, um irgendeine Chemie zu besitzen, und doch sitzen sie entfernt voneinander und schwingen in perfektem Gleichklang, in Harmonie. Die Energie umkreist ein Atom buchstäblich für immer und ewig. Haben Sie sich jemals gefragt, warum ein Atom sich nie erschöpft? Das ist so, weil das Atom die ganze Zeit in die Nullpunktenergie eintaucht.

Nun haben wir also alle Atome in Resonanzharmonie miteinander; jedes Atom taucht in die Nullpunktenergie ein. Wir haben Milliarden und Milliarden und Milliarden von ihnen, die es für uns tun. Was wir jetzt haben, ist eine immerwährende Bewegungsmaschine. Wir haben etwas, das immerwährend mit Nullpunktenergie läuft.

Man kann tatsächlich einen Ring aus diesem Material bauen, und er wird leiten und auf das Erdmagnetfeld reagieren. Wussten Sie zum Beispiel, dass ein Supraleiter, der aus einem einzigen Element besteht, ein Typ 1 Supraleiter, buchstäblich auf ein magnetisches Feld von 2 x 1015 Erg reagiert?

Und wussten Sie, dass in einem Gauß 1018 Erg sind? Wussten Sie, dass das Magnetfeld der Erde, auf das ein Kompass eingestellt ist, ungefähr 0,5 Gauß hat? Ein Erg ist also ein Maß für das magnetische Feld um ein Elektron herum. Und ein Supraleiter reagiert auf ein magnetisches Feld von 2 x 1015 Erg. Toll!

Wenn Sie denken, dann zeichnet er das auf. Wenn Sie also mit diesem Material arbeiten, werden Ihre Gedanken in dem Material aufgezeichnet.

Einige der Frauen hier werden wirklich über mich verärgert sein, wenn ich das sage, aber wir erkannten diese tatsächlich als weibliche Elemente. Als nächstes sagten wir uns: ‚Also wir werden diese Dinge einfach umdrehen. Wir werden sie einfach bezwingen. Denn, wenn man ihnen einfach genug Energie gibt, kann man sie dazu veranlassen, das zu tun, was man will, oder? Klar doch.

Wir kauften einen sogenannten Lichtbogenofen. Wir nahmen ungefähr 30

Gramm dieses weißen Pulvers und legten es in den Schmelzofen. Dieser Ofen hatte innen einen isolierten Schmelztiegel; einen Kupferschmelztiegel, der ganz mit Wasser umgeben ist, um ihn kühl zu halten. Man bringt einen Deckel an, den man oben auf ihm festmacht, und dann ist da noch ein Wolframbrennstab, der in ihn hineinhängt.

Er verfügt tatsächlich über einen kleinen Lichtbogenschweißbrenner, den man von der Wolframelektrode zum Kupfer hin anzündet. Und man sitzt bei diesem Lichtbogen und man rührt mit der Elektrode vor und zurück, vor und zurück, bis man buchstäblich alles geschmolzen hat, was sich darin befindet.

Als nächstes taten wir folgendes: Wir pumpten alle Luft heraus und füllten alles wieder mit Heliumgas als ein Plasmagas auf, und wir schlugen den Lichtbogen. Es machte *bssssst*, und er schaltete ab. Wir öffneten den Lichtbogenofen, und da war keine Wolframelektrode mehr. Nun ist diese Wolframelektrode ungefähr so groß wie mein Daumen. Wolfram ist das Heizfadenmaterial, aus dem man Glühbirnen herstellt.

Die Leute, die diesen Schmelzofen gebaut hatten, sagten uns, wir könnten ihn zwischen 35 und 40 Mal ohne Abnutzung der Elektrode gebrauchen. Wir könnten ihn viele, viele, Minuten brennen lassen. Wir jedoch holten nicht einmal eine Sekunde aus diesem Ding heraus! Also bekamen wir eine neue Elektrode vom Hersteller, setzten sie wieder ein, schlossen den Ofen wieder ab, saugten alle Luft heraus, gaben das Edelgas hinein, schlugen einen neuen Bogen und bssssst, abgeschaltet. Wir öffneten den Ofen erneut und fanden, dass die Wolframelektrode vollkommen in dieses Pulver hineingeschmolzen war.

Als wir das Pulver analysierten, nachdem wir dies getan hatten, fanden wir heraus, dass es nicht mehr das Element war, das es gewesen war, bevor wir dies getan hatten. Wir fanden auch, dass eine etwa 2000-fache Wärmeverstärkung stattgefunden hatte. Das war keine chemische Wärme, es war Nuklearwärme.

Wir entdeckten auch, dass alle elektrischen Kabel im Labor begannen, zu bröckeln und auseinanderzufallen. Wir konnten sogar Kupferdrähte nehmen und sie wurden einfach pulverisiert. Das Glas der Glasbecher, die neben dem Ofen im Labor standen, bekam innen überall kleine Luftblasen, und wenn wir sie anfassten, fielen sie auseinander.

Das ist ein Strahlungsschaden. Es gibt keine andere Erklärung dafür. Berkeley-Brookhaven bestätigte ein Niveau von 25.000 Elektronen-Volt-Photonen.

Gammastrahlung rührt von diesen Atomen mit hohem Spin her, wenn man zu viel Energie auf sie schießt. Und wie bei allen weiblichen Wesen, denen man sagt, dass man sie zu etwas zwingen will, wird man gar nichts erreichen, aber wenn man ihnen gibt, was sie wollen, geben sie einem auch, was man selber will! Also versorgt man diese Elemente; man bekämpft sie nicht.

Diese Elemente sind lebendig. Und was man tun muss, ist, ihnen die chemischen Verbindungen zu geben, die sie haben wollen, mit ihnen kooperieren, sie nötigen, und dann werden sie buchstäblich wieder in einen niedrigen Spin-Zustand zurückgehen. Man kann sie in Metalle verwandeln, oder man benutzt sie im hohen Spin-Zustand.

Das war also alles ziemlich interessant, bis dann 1991 mein Onkel mit diesem Buch auftauchte, mit dem Titel *Secrets of the Alchemists*.

Ich sagte: „Ich bin nicht daran interessiert, über Alchemie zu lesen". Das war zu der Zeit, als die Kirche noch damit und mit allem anderen zu tun hatte. Das war alles verfälscht. Ich hab' kein Interesse daran. Ich möchte etwas über Chemie und Physik wissen.

Mein Onkel sagte: „Dave, da ist die Rede von einem weißen Pulvergold."

Ich sagte: „Wirklich?"

Und so begann ich, mich mit Alchemie auseinanderzusetzen. Und der *Stein der Weisen*, das Behältnis des Lichts des Lebens, war das weiße Goldpulver.

Ich fragte mich, ob es möglich wäre, dass dieses weiße Goldpulver, das ich besitze, das weiße Pulvergold sein könnte, von denen sie sprechen. Oder gibt es möglicherweise zwei verschiedene Arten weißes Goldpulver?

Nun sagt die Beschreibung, dass es das Gefäß der Essenz des Lebens sei. Es bewegt das Licht des Lebens. Gut, das hatten wir bewiesen. Es ist ein Supraleiter. Es bringt das Licht, das sich in unserem Körper befindet, zum Strömen. Sie behaupteten, es würde die Körperzellen vervollkommnen.

Nun, ich kann Ihnen *Bristol-Meyers Squibb* Untersuchungen darüber zeigen, wie dieses Material mit der DNS reagiert und diese korrigiert. Alle karzinogenen Schäden, alle Strahlenschäden, alles wird von diesen Elementen an der Zelle korrigiert. Die Elemente reagieren nicht chemisch mit ihr; sie korrigieren nur die DNS.

Dieser Stoff begann mich wirklich zu faszinieren. Was würde passieren, wenn wir dieses Material den Menschen geben würden? Es ist keine Metall-Metall-Verbindung, daher hat es keine Schwermetalleigenschaften.

Als erstes nahmen wir einen Golden Retriever und gaben ihm das Material. Dieser Hund hatte Zeckenfieber, Talfieber und einen großen Abszess an der Flanke. Keiner der Tierärzte konnte irgendeine Medizin finden, um den Abszess zum Verschwinden zu bringen, denn wir hatten es mit einer Kombination von drei Erkrankungen zu tun, und so gaben sie einfach auf. Sie konnten ihn nicht heilen.

Wir begannen damit, ihm eine Injektion von einem Kubikzentimeter mit einem Milligramm des weißen Pulvers zu geben. Eine Spritze in den Tumor und eine in die Blutbahn. Nach anderthalb Wochen war das Zeckenfieber verschwunden, das Talfieber verschwunden und der Tumor begann zu schrumpfen und verschwand. Also hörten wir mit den Spritzen auf.

Ungefähr eine Woche später begann er zurückzukommen, also fingen wir wieder an, die Spritzen zu geben, und der Tumor wurde wieder kleiner. Dieses Mal setzten wir die Prozedur etwa eine Woche länger fort. Als wir mit der Behandlung aufhörten, gab es keinen Rückfall mehr. Der Hund fühlte sich großartig!

Der Doktor, mit dem wir zusammenarbeiteten, sagte dann: „Wissen Sie, dies ist wirklich ein unglaubliches Zeug!" Es sagte: „Ich habe einen AIDS-Patienten, der noch ein oder zwei Tage zu leben hat. Er wird im Moment intravenös ernährt. Er kann nicht sprechen und sich nicht mehr selbst anziehen, er liegt im Sterben. Also werde ich anfangen, ihm ein ganz klein wenig von diesem Stoff zu geben und sehen, was passiert."

Anderthalb Wochen später zog sich der Patient alle Schläuche aus den Armen. Er konnte wieder normal essen, sich selbst anziehen. Es ging ihm wunderbar.

Sechs Wochen später saß er im Flugzeug und flog zu einer Familienhochzeit nach Indiana, und kein Mensch wusste, dass er AIDS hatte.

Dieser Arzt sagte: „Dave, dies ist eine Art Zauberstoff!"

Also nahm er einen Patienten, der KS [Kaposi-Sarkom] hatte, das ist der Krebs, den man überall auf der Haut bekommt. Dieser Mann hatte mehr als 30 krankhafte Veränderungen überall an seinem Körper, und wir begannen, ihm Injektionen von einem Milliliter in die Blutbahn zu geben. Nach sechs Wochen war kein aktives Kaposi-Sarkom mehr auf seinem Körper zu finden. Bei nur einem Milligramm pro Tag!

Falls Sie schon Mal etwas von KS gehört haben, so gibt es dafür nur eine Behandlung, und das ist Bestrahlung. Nach einer Weile hat der Patient die maximale Strahlendosis erhalten, und man muss die Behandlung abbrechen; dann geht es dem Patienten immer schlechter, und er stirbt. Aber dieses Material brachte die KS-Wunden völlig zum Verschwinden!

Dann begannen wir, mit einem anderen Patienten zu arbeiten, der nicht homosexuell war. Diese Frau hatte das HI-Virus bei einer in-vitro-Befruchtung übertragen bekommen, die an der Universität von Arizona durchgeführt worden war. Es gab zehn Frauen, die Sperma von einem Patienten erhalten hatten, der HIV infiziert war. Aber diese Frau war die einzige, die AIDS bekam.

Sie hatte es schon seit elf Jahren. Es ging wirklich bergab mit ihr. Die Anzahl ihrer weißen Blutkörperchen und T-Zellen war klassisch.

Wir gaben ihr das Material zuerst oral, und es war praktisch keine Veränderung bei ihren weißen Blutkörperchen und ihren T-Zellen festzustellen.

Dann gaben wir es ihr stattdessen per Injektion, und da ging die Zahl der weißen Blutkörperchen innerhalb von anderthalb Stunden von 2200 auf 6500 nach oben. Unglaublich! Wenn der Stoff eingenommen wird, geschieht mit der Anzahl der weißen Blutzellen, die unser einziger analysierbarer Faktor auf dem Schlachtfeld war, nichts.

Nach einem Monat sagte sie: „Ich möchte die Spritze, ich möchte, dass sie meine weißen Blutkörperchen vermehrt."

Also bereiteten wir ihr eine Spritze zu, und sie nahm dieses Material nun per Injektion. Gleichzeitig mit der Spritze entnahmen wir ihr Blutproben und sandten sie zur Analyse der Anzahl Viruspartikel pro Milliliter Blut an *Knowing Laboratories* in Südkalifornien.

Die Frau bekam die ersten Spritzen. Sie entwickelte hohes Fieber, genau wie alle, also beschlossen wir, die Dosis um die Hälfte zu reduzieren. Das tat ihr Doktor dann auch, aber als sie sich am nächsten Tag die Spritze setzte, traten Krämpfe auf, und sie starb.

Zu diesem Zeitpunkt hatten wir die Analyse von den *Knowing Laboratories* erhalten, die besagte, dass die infizierte Virenzahl so niedrig war, dass diese Frau nicht einmal hätte wissen dürfen, dass sie AIDS habe. Nun hatten wir anfangs keine Blutanalyse gemacht, und so beschlossen wir, dies Material erst dann den Leuten zu geben, nachdem wir ein Blutbild gemacht hatten.

Wir arbeiteten mit einem Mann, der eine Viruspartikelanzahl von 57.000 hatte. Er war so schwach, dass er kaum noch gehen konnte; er benutzte einen Stock. Sein Arzt gab ihm noch zwei oder drei Wochen zu leben. Er nahm dieses Material ein, und es dauerte ungefähr 60 Tage, bis die Zahl der Virionen zu fallen begann. Nach 60 Tagen ging sie alle 30 Tage um 30 Prozent zurück. Nach Ablauf von sieben Monaten war die Anzahl so niedrig, dass man keine Virionen mehr in seinem Blut finden konnte. Die Dosis war 50 Milligramm oral pro Tag gewesen.

Nun verstehen Sie mich bitte richtig, ich bin kein Arzt. Ich habe auch kein Interesse daran, einer zu werden. Das einzige, was ich wissen wollte, war, ob es möglich wäre, dass dieser Stoff wirkt. Das war mein ganzes Interesse.

Da war ein Arzt in Nord-Phoenix, dem ich zwei Flaschen des getrockneten Materials gegeben hatte, und er gab es zwei Krebspatientinnen.

Eine war 42 Jahre alt und die andere 57 Jahre. Sie hatten beide Brustkrebs. Der 42-jährigen Patientin hatte man zwei Jahre zuvor die Brust abgenommen und danach eine starke Bestrahlung angeschlossen. Zwei Jahre später hatte sie Schmerzen im Nacken und an den Rippen. Sie suchte einen Chiropraktiker auf, der ihr nicht helfen konnte. Sie landete schließlich bei einem Onkologen, der ihr sagte, sie habe Krebs im Nacken, in der Schulter, im Rücken, in der Wirbelsäule und in ihren Rippen.

Er sagte: „Es ist Stadium vier. Regeln Sie ihre Angelegenheiten. Wir können Ihnen Chemotherapie geben, aber Sie werden sterben."

Also suchte die Frau diesen Arzt in Nord-Phoenix auf. Er übergab ihr diese Kapseln zur Einnahme für anderthalb Monate. Sie nahm das Material sechs Wochen lang in einer Dosis von 100 Milligramm pro Tag. Nach diesen anderthalb Monaten suchte sie den Onkologen wieder auf. Sie hatte keinen Krebs mehr in ihrem Körper! Ich wusste nicht einmal, wer die Frau war. Ich hatte ihr den Stoff nicht gegeben.

Dann bekam ich einen Telefonanruf, und diese Frau sagte: „Mr. Hudson, Ich weiß nicht, wer Sie sind oder was dieses Material ist, aber es ist wirklich fantastisch." Dann erzählte sie mir ihre Geschichte.

Bei der 57-jährigen Frau hatte der Stoff anscheinend nicht funktioniert.

Wir gingen dann an die Universität von Chicago und machten Krebsstudien an Mäusen. Wir fanden heraus, dass der Stoff bei etwa der Hälfte der Mäuse den Krebs abtötete, aber bei der anderen Hälfte wuchs der Krebs schneller.

Am Ende der Untersuchung injizierten die Krebsforscher den Mäusen Östrogen, was den Krebs sogar noch schneller wachsen lassen sollte. Stattdessen war aller Krebs innerhalb von 24 Stunden verschwunden, sobald das Östrogen in ihrem Körper war.

Was ich Frauen im Moment raten würde, ist, dass alle, die über 40 Jahre sind in Erwägung ziehen sollten, DHEA [Dehydroepiandrosteron] zu nehmen oder andere weibliche Hormone, denn das weibliche Hormon spielt eine wichtige Rolle bei der Behandlung von Brustkrebs. Ich stelle Ihnen das nicht als eine technische Information vor, sondern als meine Erfahrung und was ich Ihnen darüber sagen kann.

Es gab auch einen Arzt in Florida, der das Material letzten November an einen Patienten mit Bauchspeicheldrüsenkrebs gab. Der Patient hatte dramatisch an Gewicht verloren und ihm wurde keine Überlebenschance gegeben, also suchte man verzweifelt nach etwas.

Der Patient nahm dieses Material 60 Tage lang und hat jetzt alles Gewicht zurückgewonnen, und es geht ihm heute einfach hervorragend. Der Doktor versteht es einfach nicht. Er ist wie vom Donner gerührt, wie so etwas funktionieren konnte, denn niemand überlebt Pankreaskrebs.

Dieses Material ist kein Anti-sowieso-Medikament. Es ist nicht anti-AIDS. Es ist nicht anti-Krebs. Es ist pro Leben. Es ist buchstäblich Geist. Dieses Material ist nicht hier, um AIDS zu heilen. Es ist nicht hier, um Krebs zu heilen. Das Material ist hier, um unseren Körper zu vervollkommnen. Es bewirkt, dass unser Körper in den Zustand kommt, in dem er eigentlich sein sollte.

Es ist unser eigenes Immunsystem, das die Krankheit bekämpft und heilt. Wenn wir unsere DNS in jeder Zelle im Körper korrigieren können, wenn wir die eingetretenen Schäden korrigieren können, die den Krebs ausgelöst haben, wenn wir die Schäden korrigieren können, die durch Viren und AIDS entstanden sind, werden wir buchstäblich zu perfekten Wesen werden.

Wir werden zu dem ursprünglichen gesunden Zustand zurückkehren, in dem wir eigentlich alle sein sollten. Es handelt sich nicht um ein Medikament. Dieses Material ist tatsächlich ein philosophisches Material.

Es ist hier, um uns zu erleuchten und um das Bewusstsein der Menschheit zu heben. Wenn es nebenbei auch noch Krankheiten heilt, während es dies tut, dann sei es eben so. Es ist wirklich schwer für die meisten von uns zu verstehen, dass es einzig und allein darum geht[49].

Ormus und Bewusstsein

Verschiedentlich wurde geäußert, dass Ormus durch Nonlocality die Verbindung zwischen Bewusstseinen herstellen würde.

Die Ormus-Elemente sind Bestandteil des „Tubulins", der Bestandteile der intrazellulären Microtubuli. Hameroff und Penrose behaupten, dass die Microtubuli der Ort sind, an dem durch „Quantenzustands-Kollaps" sich bewusste Entscheidungen materialisieren. Viele dieser „Entscheidungen" auf Zellebene machen das Bewusstsein einer Zelle aus, und die Quanten-Ebenen-Entscheidungen der Einzelzellen zusammengenommen stellen das Bewusstsein der Person dar, zu der diese Zellen gehören. Auf diese Art können komplexe Probleme, die zu ihrer Lösung mehr Einzelentscheidungen erfordern, als es Atome im Universum gibt, in unendlich vielen parallelen Universen quasi zur Probe durchgerechnet werden.

Es gibt Hinweise, dass die Ormus Teilchen mit anderen Universen durch den sog. „Zero Point" (etwa: Nullpunkt) Verbindung aufnehmen. *Rupert Sheldrake, David Bohm* und andere haben postuliert, dass es eine sog. *implizite Ordnung* bzw. ein *morphogenetisches Feld* gibt, aus dem Bewusstsein und Materie hervorgehen. Das Kernproblem der Quantenphysik ist es, festzustellen, worin die Verbindung von Geist und Materie besteht.

In seiner Patentschrift zu Ormus erklärt David Hudson, dass Ormus dazu gebracht werden kann, durch wiederholte Erhitzung auf $850°$ C aus unserem Universum zu „verschwinden" (und wieder aufzutauchen). Diverse grafische Darstellungen zu dem Thema sind der Patentschrift beigefügt.

Eine andere Eigenschaft von Ormus ist es, bei Raumtemperatur bereits ein Supraleiter zu sein. Supraleitende Atome resonieren miteinander durch ein sog. *Meißner Feld*. Dieses Feld sowie ein anderes mit Supraleitung zusammenhängendes Phänomen, das *Josephson Tunnelling* genannt wird, wurde in biologischen Systemen festgestellt.

Es ist meine These, dass die verschiedenen Ormus-Materialien in den Microtubuli der Hirnzellen eine Resonanzverbindung mit den Microtubuli anderer Körperzellen aufbauen und darüber hinaus mittels des *Zero Point* mit dem Unendlichen Verbindung aufnehmen.

Sobald die relative Häufigkeit von Ormus in den Körperzellen zunimmt, wird diese Resonanzfähigkeit in gleichem Verhältnis verstärkt. Ein Beispiel hierfür ist die Wirkung von Platin-Gruppen-Ormus bei Krebs. Ormus erlaubt es den Krebszellen, ihre DNS gemäß der funktional einwandfreien Vorlage heiler Zellen zu reparieren und nicht gemäß der defekten Vorlage räumlich viel näher liegender anderer Krebszellen, eine Wirkung, die sehr verschieden von der anderer Krebsmittel, wie z.B. Cisplatin (Bestandteil von Chemotherapie-Drogen) ist.

Matti Pitkanen, ein finnischer Physiker, meint, dass sich das „Mind" Moleküle in den Microtubuli auf die gleiche Art bewegt, wie außerhalb des Körpers, bei Psychokinese.

Es sieht aus, als wenn Ormus das gesuchte Verbindungsglied zwischen Geist und Materie darstellt.

Die Quantenphysik scheint verschiedene mystische Konzepte zusammenführen zu können.

- Die Einheit aller Dinge: durch fraktale und holografische Modelle des Universums

- Freier Wille: durch die „viele Welten" bzw. „parallele Universen" Theorien

- Die spirituelle bzw. nicht-materielle Natur des Geistes: durch Entdeckungen, die auf die „Quantencomputer"-Eigenschaften und die Verbindung paralleler Universen auf der Ebene der Microtubuli in den Zellen hinweisen.

- Alchemie: Ormus und die sog. Bose-Einstein-Kondensate werden in alchemistischen Schriften beschrieben.

- Psi: Quanten-Kohärenzphänomene in Makrosystemen weisen in diese Richtung.

Ormus-Materialien verhalten sich nicht wie normale Materie. Z.B. hat das Einnehmen von M-State Gold ganz andere Wirkung als das von metallischem Gold. Wir postulieren, dass Ormus eine neue, andere Zustandsform der Materie darstellt.

Bose-Einstein-Kondensate (BEC)

Physiker haben vor kurzem eine neue Daseinsform der Materie hergestellt, die sog. BEC. Sie wurden benannt nach Satyendra Nath Bose und Albert Einstein, die deren Existenz in den 30er Jahren vorhergesagt hatten. Erst 1995 gelang Eric Cornell und Carl Wieman die Herstellung durch Abkühlung von Materie auf Temperaturen ganz nah am absoluten Nullpunkt.

Bei dieser Kälte hört individuelle Atom- bzw. Molekülbewegung auf, und die Atome resonieren nicht mehr im gleichen Frequenzband. Ein BEC besteht aus einer Gruppe von Atomen, die sich alle im gleichen Quantenzustand befinden. Sie verhalten sich in vieler Hinsicht wie ein einzelnes Atom. Supraleiter und Supraflüssigkeiten sind Formen von BEC.

David Hudson behauptet, ihm hätten Wissenschaftler mitgeteilt, dass sich Ormus-Elemente schon bei Raumtemperatur wie BEC verhalten. Das wird unterstützt durch die Tatsache, dass Ormus sich nicht durch die üblichen spektroskopischen Messmethoden nachweisen lässt[50].

Eine Supraflüssigkeit fließt ohne innere Reibung bzw. Viskosität. Dazu muss die Substanz so weit gekühlt werden, bis sich alle Atome in ihr im gleichen Quantenzustand befinden. Helium-3 z. B. besteht aus einer ungeraden Anzahl von Atomkern-Teilchen (Neutronen und Protonen), und diese Gruppe mit ungeraden Kernbestandteilen nennt man Fermionen. Gruppen von Fermionen dürfen nach den Gesetzen der Physik nicht im selben Quantenzustand sein. Bei ausreichend starker Abkühlung der Helium-3-Atome gruppieren diese sich zu Paaren, die dann jeweils 6 Kernbestandteile haben und somit zu *Bosonen* geworden sind. Bosonen dürfen denselben Quantenzustand einnehmen, und somit kann Helium-3 zur Supraflüssigkeit werden.

Diese Art von Supraflüssigkeit kann mit der Supraleitfähigkeit verglichen werden, bei der Elektronen, die immer Fermionen sind, zu sog. *Cooper-Paaren* zusammenfinden und damit Bosonen werden und so Supraleitfähigkeit ermöglichen.

Ungerade Elektronenzahlen

Die folgenden Elemente, die auch in M-State Form vorliegen, haben ungerade Elektronen/Protonenzahlen:

Kobalt	Kupfer
Rhodium	Iridium
Gold	

Um Supraleiter zu bilden, müssen diese Atome zumindest diatomar vorliegen. Der M-State von Gold und anderen Edelmetallen ist sehr verschieden von der metallischen Form des gleichen Elements. Die Atome bilden keine Metallbindungen, da ihnen die Valenzelektronen fehlen, denn diese sind in der Cooper-Paar-Bindung gebunden. Wenn Elektronen cooper-gepaart sind, verhalten sie sich wie Wellen und nicht wie Teilchen.

Alle bekannten Supraleiter zeigen diese Cooper-Paarung auf.

Als BEC verhalten sich die gepaarten Atome wie ein einziges. Sie resonieren zudem mit gleichen Atompaaren in ihrer Nähe. Diese Resonanzkopplungs-Quantenschwingung ist ein weiterer Bestandteil der Definition von Supraleitfähigkeit.

Wenn man ein Metall in den Ormus-BEC-Zustand überführt, werden die chemischen Reaktionen, die die Überführung bewirken, schwächer und schwächer, weil immer weniger Valenzelektronen, die für chemische Reaktionen benötigt werden, vorhanden sind. Irgendwann sind keine Valenzelektronen mehr verfügbar. Glücklicherweise hat Ormus noch andere Eigenschaften, die bei seiner Bearbeitung Verwendung finden können.

Da sie supraleitende Eigenschaften haben, kann man sie mittels Magnetfeldern beeinflussen. Z. B. wenn man sie während des Herstellungsprozesses vor Magnetfeldern schützt, hat man am Ende mehr davon, weil sie nicht aus dem Behälter „heraustunneln" (Tunnelling Effekt) oder als Gas entweichen.

Man kann sie auch dazu bewegen, sich in einer bequemen chemischen „Box" zu verstecken. Die Ormus BEC scheinen enge molekulare Behälter zu mögen. Ringmoleküle wie Trinatrium oder Di-Ozon können so eine Box bilden, die dann sehr einfach mit standardisierten chemischen Methoden weiterbehandelt werden kann.

Solange der M-State dieser Elemente überwiegt, scheinen sich die metallischen Anteile die „Ormus Typeneigenschaften" zu borgen.

Microtubuli - Geist-Materie Bindeglied

BEC können durch undurchdringliche Barrieren „hindurchtunneln". *Prof. Brian D. Josephson* aus Cambridge erhielt für den Nachweis dieses Effekts den Nobelpreis. Er arbeitet zurzeit mit an dem „Mind-Matter Project" (Geist-Materie Projekt)[51]

Ein Zitat aus seiner Arbeit zusammen mit *Jessica Utts* betitelt: „Das Paranormale - Die Beweise und Implikationen für das Bewusstsein":

„Was sind die Implikationen für die Wissenschaft, wenn sog. Psi-Phänomene real sind? Diese Phänomene scheinen uns mysteriös, jedoch nicht mysteriöser als einige Phänomene der Vergangenheit, die die Wissenschaft inzwischen ohne Probleme in ihr Weltbild eingebunden hat.

Welche Ideen könnten wichtig sein, um Psi in das Wissenschaftsbild einzubinden? Zwei dieser Konzepte sind Nonlocality und der Beobachter. Der Beobachter verdankt seine besondere Position den Gleichungen der Quantenphysik, die, buchstabengetreu verstanden, ein Universum erfordern, das sich ständig in viele aufspaltet, von denen aber nur eines unserer beobachtbaren Wahrnehmung entspricht.

Ein „Dekohärenzvorgang" wurde vorgeschlagen, der helfen soll, zu verstehen, warum diese verschiedenen Universen nicht wahrnehmbar miteinander interagieren. Das beantwortet aber nicht die Frage, warum wir ein bestimmtes dieser Universen wahrnehmen, und nicht ein anderes. Vielleicht, trotz der Unbeliebtheit dieser Idee, ist der Beobachter auch der Auswähler.

Diese Vorstellung macht evtl. mehr Sinn im Lichte von Theorien, die besagen, dass die Quantentheorie nicht die letzte tiefste Theorie zur Beschreibung der Welt darstellt, sondern dass es tiefergehende und mathematisch beschreibbare Theorien gibt, die eine *Subquanten Domain* postulieren.

Psi könnte sich in dieser Subquanten Domain abspielen. Teile dieser Theorien befassen sich mit „Action at a Distance" (Beeinflussung auf Entfernung) und dies passt gut zu den berichteten Eigenheiten von Psi."

Auch andere Physiker arbeiten an Theorien, die Geist und Materie zusammenbringen sollen.

Eine relativ junge Entdeckung bezieht sich dabei auf sehr kleine Strukturen innerhalb einer Zelle, die Microtubuli genannt werden.

Diese sollen Supraleitfähigkeit und Tunneleffekte schon bei Raumtemperatur zeigen.

Ihr könnt mehr über die Quanteneigenschaften der Microtubuli auf den „Quantum Brain" Seiten von *Rhett Savage* oder auf *Matti Pitkanens* Webseiten lesen[52].

Verschiedene moderne Theorien in Bezug auf Microtubuli wurden von dem Physiker *Roger Penrose* in Verbindung mit *Stuart Hameroff*, einem Anästhesisten, vorgeschlagen.

Hier zitiere ich einen anonymen Wissenschaftler, der die Theorien von Penrose und Hameroff sehr elegant erklärt hat.

„Penrose war auf der Suche nach einer besseren Art, die phantastische Rechenleistung des Gehirns zu erklären, und Hameroff war auf der Suche nach einer Quelle für das menschliche Bewusstsein. Die zwei hörten voneinander, kamen zusammen und fanden heraus, dass sie nach einer gemeinsamen Struktur, nämlich den Microtubuli, suchten.

Penrose suchte nach einer Struktur im Gehirn, die in Nanometer-Größenordnung existierte, weil nur eine so kleine Größe die Quanteneffekte, die er beobachten konnte, möglich machen würden. Hameroff suchte nach einer Struktur, die für das Bewusstsein verantwortlich war. Beide konnten sich einigen, dass die Microtubuli eine solche Struktur darstellen würden."

Microtubuli sind kleinste röhrenförmige Strukturen innerhalb von Neuronen, also Gehirnzellen, die aus zwei Arten von Tubuli bestehen. Diese zwei Formen können durch geringfügige elektrische Ströme ineinander überführt werden. Penrose hat daraus geschlossen, dass die Tubuli Einheiten die An- und Ausschalter für die Datenverarbeitung des Gehirns darstellen.

Ich stimme mit ihm überein, denn sein Vorschlag erlaubt uns, zu sein, was wir sind, indem wir unsere mögliche Verarbeitungsrate von einer inakzeptablen 10 hoch 11 Operation pro Sekunde zu einer akzeptablen 10 hoch 24 Operation pro Sekunde Rechengeschwindigkeit erhöhen. Penrose erklärt das alles sehr schön, und ich empfehle allen, die ein tieferes Verständnis unseres Verstandes suchen, ihn zu lesen.

Hameroff hat eine Menge Forschung im Bereich des menschlichen Bewusstseins geleistet. Und er hat abschließend festgestellt, dass die Microtubuli die Quelle des Bewusstseins sein müssen. Dieser Umstand wird diskutiert und auch unterstützt durch Penrose Arbeit. Hameroff hat daraus geschlossen, dass die beobachtbaren Quanteneffekte im menschlichen Gehirn durch hochgeordnete Wasserstrukturen innerhalb der Microtubuli verursacht werden. Penrose stimmte diesem Konzept zu und erweiterte es durch die Feststellung, dass die

Bose-Einstein-Kondensate in den Neuronen den Mechanismus darstellen, wie wir zu Entscheidungen kommen. Die BEC sind möglich, weil das Wasser in den Microtubuli sehr stark ausgerichtete Strukturen bilden kann, die ein hochtemperiertes supraleitendes Medium darstellen.

Dieses Konzept unterstützt mein Denken sehr schön. BEC stellen auch eine Erklärung dar für all die Phänomene, die wir als Psi, übernatürlich oder paranormal bezeichnen. Diese Effekte beinhalten Telepathie, Remote-Viewing, Bilocation (an zwei Plätzen zugleich sein) Telekinese und Astralreisen.

Ein BEC im Broca-Bereich des Gehirns würde Gedanken erlauben, gleichzeitig inner- und außerhalb des Gehirns zu existieren. Dies erklärt sowohl Telepathie als auch die Kontrolle derselben. Ebenso erklärt ein BEC im visuellen Kortex, (der Bereich des Gehirns, der visuelle Eindrücke verarbeitet), das sogenannte *Remote-Viewing*. Da Microtubuli in allen Neuronen existieren und diese wiederum in allen Teilen des Körpers vorkommen, würde ein BEC in den Neuronen auch erklären, wie der gesamte Körper an zwei oder mehr Orten zur gleichen Zeit existieren kann und dadurch Bilocation erklären.

Mit dieser Entdeckung können alle Psi-Phänomene in modernen physikalischen Begriffen erklärt werden. Das öffnet den Bereich der Psi-Phänomene für wissenschaftlich geschulte Personen, wie z. B. mir selbst, die so viel technisches Training hatten, das es ihnen sonst unmöglich erscheinen würde, Psi-Phänomene zu akzeptieren. Diese Entdeckung bedeutete, dass meine gesamte formelle Ausbildung, die ich in Physik, Chemie und Mathematik hatte, immer noch anwendbar ist und sogar helfen kann, Psi-Phänomene zu erklären. Für mich ist es gut zu wissen, dass diese Bereiche friedlich nebeneinander existieren können.

Freier Wille und parallele Universen

Ich würde gern Aspekte im Bezug auf das sog. „Unterbewusstsein" diskutieren. Viele Leute glauben, freier Wille bestünde aus der Möglichkeit, zwischen unendlich vielen wahrscheinlichen Zukünften zu wählen und diese wahrzunehmen. Während die Fähigkeit zur Wahrzunehmung dem Unbewussten zugeordnet wird, werden die Wahlkriterien bewusst erzeugt.

Zum Beispiel könnte das Wachbewusstsein entscheiden, an eine Zukunft zu glauben, die eine spektakuläre Naturkatastrophe wahr werden lässt. Es gibt viele gute Gründe für die Wahl einer solchen Zukunft, z.B. ein Leben als Held zu führen, der viele rettet, usw..

Das Wachbewusstsein, während es mit dieser Vorstellung herumspielt, gibt dem Unterbewusstsein den Auftrag, nach einer Welt zu suchen, die diesen Wunschvorstellungen entspricht.

Die meisten mögen keine künstlichen bzw. gestellten Aufführungen, also wird das Szenario viele unvorhersehbare Überraschungen enthalten. Wörtlich könnte die Anweisung an das Unterbewusste etwa so lauten: „Ich möchte heldenhaft bei der Rettung von Opfern einer Naturkatastrophe helfen, ich wünsche, dass es nicht so aussieht, als wenn ich es erzeugt/herbeigerufen hätte, also überrasche mich mit den Einzelheiten."

Wie es aussieht, haben die oben erwähnten Wissenschaftler *Hameroff* und *Penrose* an eben so einem Erklärungsmodell gearbeitet. Sie haben es im Web veröffentlicht[53].

Sie schreiben:

„Wir nehmen an, dass vor- und unbewusste Verarbeitung mit Quanten-Kohärenz und -überlagerung einhergehen, die eine Art „Quantencomputer" darstellen.

Eine Reihe von Autoren hat vorgeschlagen, dass Quantencomputer massiven Parallelrechnern entsprechen, wobei das Ergebnis durch Kollabieren des Quantenzustandes hervorgebracht wird.

Was aber ist Bewusstsein? Überlagernde Quantenzustände haben eigene Raum-Zeit-Geometrien. Wenn der Grad der kohärenten Masse-Energie-Differenz zu einer ausreichenden Trennung der Raum-Zeit-Geometrien führt, muss das System wählen und zusammenbrechen, und zwar in ein einzelnes Universum, wodurch „multiple Universen" verhindert werden.

Auf diese Art bleiben geringfügig unterschiedliche Raum-Zeit-Geometrien bestehen bis zu dem Zeitpunkt, wo eine klassische abrupte quantenmechanische Reduzierung passiert. Dadurch wird die eine oder andere Raum-Zeit-Geometrie gewählt. Auf diese Art kann Bewusstsein „Selbst-Störung" der Raum-Zeit-Geometrie verursachen."

In einem Satz sagen sie, dass durch einen Vorgang des „Quantencomputings" in den Microtubuli ein Problem in die „Blackbox" aller möglichen Universen geworfen wird und eine passende Lösung fast zeitgleich daraus extrahiert wird.

Wenn das passiert, wählt der „Entscheidungspunkt" einen Ausgang aus einer unendlichen Anzahl möglicher Ausgänge.

Sie weisen auf *David Deutsch* und seine Diskussion mit *Seth Lloyd* im Internet hin, Deutsch schreibt:

„Die Universen beeinflussen sich gegenseitig. Obwohl die Beeinflussungen minimal sind, können sie in sauber vorbereiteten Experimenten nachgewiesen werden. Es sind Projekte in Planung, die diese Effekte für sinnvolle Berechnungen nutzen sollen. Wenn ein Quantencomputer ein Problem in mehr Unterprobleme aufteilt, als es Atome im Universum gibt, und dann jedes einzelne Teilproblem löst; so beweist das, dass diese Teilprobleme irgendwo gelöst worden sind, aber nicht in *unserem* Universum, weil es dafür einfach nicht genug Platz hier gibt. Welchen Beweis brauchst du noch für die Existenz anderer Universen?"[54]

In ihrem Papier stellen Hameroff und Penrose abschließend fest:

„Eine kritische Anzahl Tubuline in den Microtubuli, die die Quantenkohärenz für ca. 500 ms aufrechterhalten, lassen die Wellenfunktion kollabieren (Objective Reduction, OR). Dies passiert, weil die Masse-Energie-Differenz der sich überlagernden Zustände der kohärenten Tubuline die Raum-Zeit-Geometrie in kritischer Weise stören. Um die Wahrnehmung multipler Universen zu verhindern, muss sich das System auf ein Raum-Zeit-Kontinuum reduzieren, indem es „Eigenstates" auswählt." (Im Original: The Energy eigenstates of a quantum system are the set of eigenvalues and eigenvectors obtained by solving the time-independent Schrödinger equation for the system in question).

Hameroff und Penrose implizieren, dass, um die Wahrnehmung multipler Universen zu verhindern, die Wellenfunktion bestimmter Materialien (wir glauben: Ormus) in den Microtubuli kollabieren muss. Was wäre, wenn das nicht geschehen würde und wir multiple Universen wahrnehmen könnten?

Psi Bestätigung - wahrscheinliche Welten

Viele moderne Physiker glauben an die Existenz einer unendlichen Anzahl paralleler Universen. Sie theoretisieren, dass Atome aus kleineren Bestandteilen aufgebaut sind, die wie Blasen im Quantenschaum existieren. Die Löcher im Äther verbringen jeweils einen Teil ihrer Lebenszeit in jedem dieser Parallelwelten. Die Frage, ob wir uns der Vorgänge in parallelen Universen bewusst werden können, kann auf die Frage reduziert werden: kann Information zwischen ihnen ausgetauscht werden? Und das haben Deutsch und Lloyd bereits (siehe oben) bejahend diskutiert.

Deren Antwort wurde von dem Geistwesen *Seth* in dem Buch „The Unknown Reality", gechannelt von *Jane Roberts* (1974/75), vorweggenommen.

Session 682:

„Ich möchte von den Bewusstseinseinheiten (Consciousness-Units - CU) sprechen. Ihr Wesen ist die Lebenskraft von allem und jedem in eurem physischen Universum und allen anderen.
Die CU können tatsächlich an verschiedener Stelle zugleich auftauchen, und das, ohne den Raum dazwischen zu durchqueren. Diese CU können buchstäblich überall zugleich sein.
Sie sind überall zugleich. Sie werden in ihrer wahren Natur nicht erkannt werden, weil sie immer als etwas anderes erscheinen.

Natürlich bewegen sie sich schneller als das Licht. Es sind Millionen von ihnen in einem Atom - viele Millionen. Jedes dieser CU ist sich der Wahrnehmung aller anderen bewusst und beeinflusst alle anderen.
In eurem Sprachgebrauch können die CU in der Zeit vor- und zurückgehen, aber sie können sich auch auf Schwellenwerten der Zeit befinden, die euch fremd sind.

Alle Wahrscheinlichkeiten werden geprüft und erfahren, und alle möglichen „wahrscheinlichen" Universen sind aus diesen CU hergestellt.

Also gibt es Realitäten, in denen die endlosen Wahrscheinlichkeiten eines Ereignisses erprobt und die gemachten Erfahrungen gruppiert werden.

Es gibt Systeme, in denen ein einziger Moment eurer Zeitwahrnehmung das Leben eines Universums dauert.
Ich meine nicht, dass ein Moment einfach gedehnt wird, oder dass die Zeit verlangsamt wird, sondern, dass alle möglichen Erfahrungen dieses Moments in dem Universum Realität werden.

Session 683:

Alles, was in eurem Wahrnehmungssystem existiert, ist in einem anderen entstanden.
Der Punkt bei dieser Sache ist, dass die CU unberechenbar sind, sie erfüllen alle

wahrscheinlichen Welten des Bewusstseins.

Alle Vorstellungen eines Gottes oder von Göttern, denen Persönlichkeitseigenschaften zugeordnet werden, sind in letzter Konsequenz unsinnig.

Ihr betrachtet die vielfältige Welt der physischen Realität, ohne euch darüber im Mindesten zu wundern.

Versteht jedoch, dass die Welt des Bewusstseins unendlich vielseitiger ist. Ihr solltet erkennen, dass die innere Realität ebenso vielseitig ist wie die äußere.

Diese Vorstellungen allein schon ändern eure Wahrnehmung zu einem gewissen Grad. Die gegenwärtige Vorstellung, die mit dem Begriff „Seele" assoziiert wird, ist sehr primitiv und wird der kreativen größeren Realität, aus der das „Menschsein" kommt, kaum gerecht.

Ihr seid alle „multiple Persönlichkeiten"; ihr existiert an vielen Orten zur gleichen Zeit.

Ihr existiert als *eine* Person simultan. Dies verneint nicht die Individualität des Einzelnen, sondern eure innere Wahrheit erweitert sie und stellt den Bezugsrahmen dar, in dem ihr wachsen könnt.

Session 695:

Alle „wahrscheinlichen Selbste" (Probable Selves) sind miteinander verbunden. Sie beeinflussen sich, ohne gegeneinander irgendeinen Zwang dabei auszuüben, jedes hat einen freien Willen und ist einmalig.

Du kannst deine eigenen Erfahrungen in deinem Wahrscheinlichkeitssystem verändern, während es auf unendlich vielen anderen Wahrscheinlichkeitssystemen reitet.

Session 733:

In eurem Verständnissystem würde man sagen: Die Welt ist extrem verschieden von nur einem Moment zum nächsten, wobei die kleinste Bewusstseinseinheit ihre eigene Realität aus einer unendlichen Menge möglicher auswählt.

Aus dem Vorwort:

Das Selbst ist multidimensional, wenn es physisch lebendig ist. Es ist der Triumph spiritueller und psychologischer Identität, für immer und ohne zu zögern wählt es aus Myriaden von möglichen Welten den Fokus, den es bevorzugt.

Tatsächlich ist es so, dass sich jeder im Leben perfekt und elegant zwischen den Realitäten bewegt, und nach dem Tode ebenso.

Session 681:

Ihr könnt aus einer unvorhersehbar großen Anzahl von Ereignissen dasjenige auswählen, das ihr als eure Realität anerkennen wollt. Dennoch geschehen die nichtgewählten Ereignisse, nur nicht in eurer unmittelbaren Erfahrung.

Session 682:

Alle Materie besteht aus CU, mit ihren Unvorhersehbarkeiten und ihrer Neigung, alle möglichen Wahrscheinlichkeiten auszuprobieren.
Auch die Atomstruktur „lebt" innerhalb dieser Wahrscheinlichkeiten. Wenn das aber so ist, dann seid ihr euch offensichtlich nur eines geringen Teils eurer selbst bewusst, und diesen kleinen Teil schützt ihr als eure „Identität".

Wenn ihr euch das jedoch nur als einen möglichen Fokuspunkt eurer größeren Identität vorstellt, dann braucht ihr euch im Vergleich nicht klein und unbedeutend vorzukommen. Der ausgewählte Bezugsrahmen, eure Identität, ist immer unzerstörbar.
Ich habe häufiger festgestellt, dass in eurer Gesamtlebenszeit alle möglichen Ereignisse auch eintreten, aber ich habe es nie näher erklärt.
Mit der Art, wie ihr euer Bewusstsein fokussiert, erscheint es euch so, als ob es eine klare „Identitätslinie" von Geburt bis zum Tod gibt.
Von einem beliebigen Punkt rückblickend erscheint es euch, als wenn des „Ich" von vor zehn Jahren mehr oder weniger das „Ich" von heute ist, mit einigen kleineren Modifikationen vielleicht.
Doch tatsächlich gibt es keinerlei lineare Entwicklung. Zuerst einmal lebt ihr „gleichzeitig", obwohl ihr es als Sequenz erlebt.
Jede mögliche Entwicklung, die ihr nehmen könntet, verwirklicht sich tatsächlich.

(Ende der Seth Zitate)

Aus diesen Ausführungen geht hervor, dass Seth mitteilt, es gäbe eine unendliche Anzahl von möglichen Welten und persönlichen Identitäten.
Diese Welten teilen sich alle CU (Consciousness Units, Bewusstseinseinheiten), und diese Welten erscheinen uns im Einzelfall so real, wie wir es gern hätten.

Die moderne Physik kennt viele Seth-ähnliche Konzepte. Der Schlüssel zur Überbrückung der Differenzen zwischen Physik und Metaphysik könnte Ormus sein.
Ormus in den Microtubuli als Brücke zwischen den wahrscheinlichen Welten und Einzelbewusstseinen und als Erklärungsmodell der Psi-Phänomene.

Unser freier Wille ist definiert durch die Wahlmöglichkeiten zwischen unendlich vielen möglichen Universen.

Wir sind eingebunden in diesen Entstehungsprozess der physischen Welten der unendlich vielen Universen. Seth sagt:

„Die objektive Welt ist das Endresultat innerer Ereignisse. Jeder kann tatsächlich die objektive Welt durch innere Veränderung, durch innere Maßnahmen beeinflussen, und nur so.

Gedanken und geistige Bilder werden physische Tatsachen, chemisch angetrieben.

Gedanken sind Energie. Sie fangen an, auf die physische Welt Einfluss zu nehmen vom Anbeginn ihrer Entstehung.

Die Hirnsanhangdrüse erzeugt „mentale Enzyme". So, wie ihr sie definiert habt, sind alle körperlichen Chemikalien physisch existent, aber sie sind die Antriebskräfte der Gedankenenergie, sie enthalten alle die kodierten Daten, die notwendig sind, um aus Gedanken Tatsachen werden zu lassen.

Sie veranlassen den Körper, aus einem inneren Bild ein Faktum werden zu lassen.

Chemikalien werden durch das Drüsensystem und die Poren freigesetzt, sie sind unsichtbar, quasi-physisch.

Die Intensität eines Gedankens bestimmt im Wesentlichen, wie schnell er sich physisch manifestiert. Es gibt kein Objekt, das zu dir gehört, welches du nicht erzeugt hast. Nichts an deinem Aussehen stammt nicht von dir.

Der ursprüngliche Gedanke existiert in seinem mentalen Gefängnis, er ist noch nicht physisch manifestiert.

Dann wird er durch die mentalen Enzyme materialisiert. Dies ist jedoch nur eine verallgemeinernde Beschreibung. Es werden nicht alle Gedanken auf diese Art immer vollständig zu Tatsachen. Die Intensität könnte zu schwach sein. Die chemischen lösen elektrische Reaktionen aus, einige davon in der Haut. Diese strahlen an die äußere Welt ab und übertragen hochgradig codierte Nachrichten und Anweisungen.

Die physische Umgebung ist also auch ein Teil von dir, so, wie dein Körper.

Deine Kontrolle darüber ist ziemlich effektiv, denn du lässt es entstehen, so wie du deine Fingerspitzen entstehen lässt.

Objekte bestehen aus demselben Pseudomaterial, das von deinem eigenen physischen Abbild ausgestrahlt wird, sie haben lediglich mehr „Intensity Mass". Wenn diese hoch genug ist, kannst du das Objekt als solches erkennen. Eines mit zu geringer „Intensity Mass" entgeht dir.

Jeder Nerv und jede Faser deines Körpers dient der Aufgabe, die innere Welt mit der äußeren zu verbinden und somit durch die innere die äußere Welt zu erschaffen. Auf eine Art schleudert das „ganzheitliche Selbst" den Körper und alle physischen Objekte in die Welt."

Der nächste Absatz ist m. E. besonders wichtig:

„In einer sehr realen Weise sind Ereignisse und Objekte Fokuspunkte, in denen hochgradig geladene psychische Impulse in etwas verwandelt werden, das wahrnehmbar ist. Ein Durchbruch in die Materie. Wenn solcherart geladene Impulse zusammenkommen, entsteht Materie. Dieser Vorgang läuft völlig unabhängig von der Welt der Materie ab. Ein gleichartiger Vorgang mag sich wieder und wieder materialisieren, wenn die geeigneten psychischen Voraussetzungen erfüllt sind."

Durch die Jahrhunderte wurde immer wieder darauf hingewiesen, dass Geist und Materie verknüpft sind. Jedoch erst das Seth-Material wirft Licht auf die genauen Umstände, wie dies geschieht.

Und was ist der Hintergrund bzw. tiefere Sinn all dieser Vorgänge? Seth sagt:

„In eurem Realitätssystem lernt ihr, was mentale Energie ist und wie man sie benutzt. Ihr tut das, indem ihr eure Gedanken und Gefühle permanent in physischer Form materialisiert. Ihr sollt eigentlich aus der Beobachtung eurer äußeren Lebensumstände auf eure innere Entwicklung schließen können. Was wie eine Wahrnehmung, ein objektiver äußerer unabhängiger Tatbestand aussieht, ist in Wirklichkeit die Gestaltwerdung eurer Gedanken und Emotionen, eurer Innenwelt."

[Ende der Seth-Zitate]

Das unendliche Jetzt

Die Zeit ist ein Werkzeug, Bewusstsein und Wahrnehmung zu strukturieren. Wir glauben fest an die Realität von Ursache und Wirkung und damit an die Zeit, und darum erleben wir sie.

Das Problem besteht darin, die Mächtigkeit der Unendlichkeit zu erfassen. Es gibt eben viel davon.

Also fragen die Leute: wenn alles bereits existiert, worin liegt das Neue, die Abwechslung, die Kreativität? Nun, es gibt immer neue Art und Weisen, das was ist, wahrzunehmen und zu sortieren.

Fraktales Bewusstsein und das holografische Universum

In der modernen Physik gibt es zwei Konzepte, die Bewusstsein mit der physischen Welt verbinden und das sind die Modelle vom holografischen Universum und das fraktales Bewusstseins Modell.

Beide sind miteinander verwoben. In der Art, wie jeder Zweig eines Fraktals die vorangegangene Superstruktur wiederholt, so ist auch in einem Teil eines Hologramms die gesamte Information (wenn auch unschärfer) enthalten.

Diese Beobachtungen erinnern an Arbeiten von *Besant* und *Leadbeater* aus dem vorletzten Jahrhundert:

Ein englischer Physiker namens *Stephen Phillips* stieß auf die Bücher der Theosophen und wob sie in sein Buch mit dem Titel *Psi und die Quarks*[55] mit ein, indem er die alten Konzepte in moderne Termini der Physik übersetzte.

Die Zeitgenossen von Leadbeater und Besant konnten mit den paranormal wahrgenommenen Beschreibungen subatomarer Strukturen nicht viel anfangen. Die moderne Quantenphysik aber kann das.

Phillips' Buch wurde vor der Entdeckung der Ormus-Elemente geschrieben, sodass er sie dort nicht beschreiben kann.

Es fällt ihm aber auf, inwieweit das Supraleiter-Vakuum Higgins-Modell dazu passt. Phillips erkennt nicht-abelische (none-abelian) Monopole mit Nielsen-Olesen Vortexen, die Quantenflüsse transportieren, und er erkennt die Mechanismen, auf denen die Stabilität von Quarks beruht.

Alles in allem ein lesenswertes Buch.

Koilon im Äther oder Zero-Point-Quantenschaum

Der folgende Auszug aus „Occult Chemistry" wurde von Leadbeater im Jahre 1907 verfasst.

Er beschreibt die fraktale Struktur subatomarer Teilchen, bevor das Konzept des Fraktals erdacht worden war.

Beachte auch, dass Teile des Textes an die Konzepte der Superstrings und des Quantenschaums erinnern.

„Um es besser verstehen zu können, lasst uns das kleinste Atom der physischen Ebene betrachten. Es besteht aus zehn Ringen oder Drähten, die seitlich nebeneinander liegen, sich aber nie berühren.
Wenn man einen dieser Drähte entfernt, und man ihn entrollt zu seiner wirklichen Länge, dann erkennt man einen Kreis, eine eng gewundene endlose Spirale.

Diese Spirale besteht aus 1680 Drehungen. Sie kann abgewickelt werden und es entsteht ein viel größerer Kreis. In jedem dieser Spiralen liegen 7 Unterspiralen, jede feiner als die vorangegangene, mit der Achse im rechten Winkel zur übergeordneten.
Der Vorgang des Abrollens (Entspiralisierens) kann solange weitergeführt werden, bis wir einen unglaublich großen Kreis, bestehend aus den kleinsten vorstellbaren Punkten, haben, die wie Perlen auf einer unsichtbaren Schnur aufgezogen sind.

Diese Punkte sind so winzig, dass es Millionen von ihnen braucht, um ein Atom auszumachen. Sie scheinen die Grundlage der Materie zu sein, von der wir bisher wissen: Astrale, mentale und buddhische Atome sind aus ihnen aufgebaut. Wir betrachten sie daher als die Grundeinheiten, aus denen alle Materialien in allen Ebenen, zu denen wir bisher Zugang haben, bestehen.

Die Grundeinheiten sind alle identisch kugelförmig und sehr einfach aufgebaut. Obwohl sie die Grundlage der Materie darstellen, sind sie selbst nicht Materie.

Sie sind keine „Blöcke", sondern wie Blasen. Sie sind aber nicht wie Seifenblasen in der Luft, indem sie nicht Luft durch einen dünnen Flüssigkeitsfilm von Luft trennen, sondern sie sind zu vergleichen mit Blasen, die im Wasser aufsteigen.
Von diesen Blasen könnte man sagen, sie hätten nur eine Oberfläche, die des Wassers, das von der eingeschlossenen Luft zurückgedrängt wird.

Genauso wie die Blasen nicht Wasser sind, sondern die Bereiche, in denen kein Wasser ist, so sind diese Mikrostrukturen nicht Koilon, sondern die Bereiche, in denen kein Koilon ist. Das sind die einzigen Bereiche, in denen *Nicht-heit* herumschwebt, denn das Innere dieser Mikrokugeln ist das absoluteste Nichts, das wir in der Lage sind, mittels unseres Bewusstseins zu erkennen (Leadbeater spricht von seiner paranormalen Wahrnehmung).

Was ist also ihr wahrer Inhalt, der Blasen und Löcher in Substanzen unendlicher Dichte erzeugen kann?

Die Schöpferkraft des Logos (Gottes), sein Atem, den er in die Wässer des Weltenraumes bläst, wenn er die materielle Welt erschafft. Diese infinitesimalen Bläschen sind die Löcher, die „Fohat in den Weltraum gräbt"; der Logos selbst füllt sie auf und hält sie in der Existenz gegen den Druck von Koilon, weil ER selbst sich in ihnen befindet. Diese Einheiten der Kraft sind die Bausteine, mit denen ER sein Universum baut, und alles, was wir Materie nennen, an welch hohem oder tiefem Platz es sich befinden mag, ist aus ihnen aufgebaut und damit in der Essenz göttlich.

Abb. 22 Die Spirale

Ebenso sind die Welten stufenweise aufgebaut, aber immer aus ein- und demselben Grundmaterial, das uns wie *Nichts* erscheint, und doch ist es göttliche Macht.

Es ist tatsächlich die Urschöpfung, in der aus nichts alles erschaffen wird."

Es gibt andere Konzepte, mit denen ich mich nicht so gut auskenne, die aber für diese Betrachtungen relevant sein mögen.
Tony Smith hat eine sehr gute Website, die sich mit dem Multiversum oder der „viele-Welten Theorie" befasst[56].
Er verbindet Taoismus, Vedanta, Maya, I-Ging, chinesische Astrologie und die Kabbala. Es tut dies aus der Perspektive eines Mathematikers und Physikers.

Maya-Glaubenssysteme

Die Maya sehen Gott als die göttliche Vorstellungskraft, die dieses Universum in seiner Entstehung quasi visualisiert hat.
Die eigene göttliche Vorstellungskraft zu erwecken, ist gleichbedeutend mit der Erweckung der eigenen göttlichen Natur.
Zu diesem Zeitpunkt wird man zum Mitschöpfer des göttlichen Willens, der diese unsere Welt visualisiert und damit erzeugt.

Die Maya waren davon überzeugt, dass man seine Vergangenheit durch Veränderung der Erinnerung modifizieren kann.
Sie benutzten Traumarbeit oder veränderte Bewusstseinszustände (Trance), um die Vergangenheit umzubauen. Sie sind die Baumeister, nicht die Opfer der Zeit.

Wir erzeugen unsere Realität durch die Entscheidungen, die wir treffen.
Die Maya waren davon überzeugt, dass es alternative Realitäten gibt, und dass wir unter ganz bestimmten Umständen in bestimmter Weise mit diesen alternativen Welten kommunizieren können, die uns in dieser unserer Realität nützt.

Es findet eine Konvergenz statt zwischen modernen wissenschaftlichen Modellen und alten esoterischen Lehren.
Seth scheint dieses Treffen in seinen vielen Büchern vorhergesehen zu haben.
Das Wissen, das wir durch unsere Arbeit mit Ormus erlangen, wird diese Konvergenz sicher begünstigen und beschleunigen.

Gehirnwellenkohärenz

Zwei Ormus Hersteller behaupten, dass sie Hirnwellenkohärenzen kurz nach Ormus-Einnahme messen konnten. Der erste der Reports wurde anonym in verschiedenen Ormus-Foren gepostet:

„All dies ging aus den Versuchsreihen und Reports des Alphalearning-Instituts in Lugano hervor. Dies ist Europas führende Forschungsinstitution für Verhaltensstudien und Lernprobleme (Rechtsschreibschwäche, ADHS usw.)

Während eines sechswöchigen Zeitraums, beginnend im September 2002, hat das Institut an 10 Freiwilligen „Etherium Gold" getestet. Die Gruppe bestand aus 5 Männern und 5 Frauen im Alter von 17 bis 52 Jahren. Es wurden dabei regelmäßige EEG Messungen vorgenommen.

Die Ergebnisse waren erstaunlich. Ich nutze diese EEG-Ausdrucke ständig, um die Hemisphärensynchronisationswirkung von Ormus im Allgemeinen zu belegen.

Was Ausbildungsstätten wirklich aufhorchen lies, waren die Schlussbemerkungen des „Director of Research".

Er stellte fest: „Wenn ich ein Examen ablegen müsste, mündlich oder schriftlich, würde ich Minuten zuvor 2-4 Kapseln Etherium Gold zu mir nehmen. Das Schlimmste, was dann passieren könnte wäre nur eine geringe Verbesserung meiner Leistungen, aber eine Verbesserung wird es in jedem Fall geben.

Innerhalb des Reports war noch ein Kommentar zu finden, den Lehrkräfte hier, bei Berücksichtigung des hohen Ansehens des Instituts, sehr ernst nehmen. Es lautet: „Es kann keinen Zweifel an der Richtigkeit der Ergebnisse geben. Dies sind biochemische Versuche, keine psychologischen. Ob man es nun glaubt oder nicht, Etherium Gold wird jedes Hirn zu seinem Vorteil unterstützen. Es wird balancierter und effektiver arbeiten."

Der vollständige Report kann eingesehen werden[57].

Die Zirbeldrüse (Epiphyse), Hirnwellensynchronisation und das Verständnis der Kraft, mit der wir es zu tun haben

Von Jason Davis - www.zptech.net

Wie viele in dieser Gruppe haben wir seit langem vermutet, dass messbare psychisch-mentale Effekte der Einnahme von M-State-Elementen folgen würden. Obwohl viele diese Effekte nicht bemerken, sind sie dennoch vorhanden und kraftvoll in ihrer Wirkung. Wir legen Informationen bezüglich EEG-Tests bei, die diese Annahme unterstützen. Wir haben zudem angenommen, dass die feinstofflichen Sinne durch Ormus-Einnahme gestärkt werden. Dies haben wir bei vielen unserer Kunden feststellen können.

Es wurde uns ebenso deutlich, dass, wenn es etwas zu kaufen gäbe, das sofortige Psikräfte zur Folge hätte, die nur von sehr wenigen Menschen auf diesem Planeten ohne Schaden verwendet werden könnten. Die Entwicklung unserer subtilen Körper erfolgt in Schritten. Also wird die von uns angebotene Substanz auch der Benutzergruppe stärkemäßig gerecht sein. Es gibt trotzdem einige Menschen, wie wir z. B., die die darin enthaltenen Möglichkeiten bis zum Äußersten ausreizen.

Die folgende Notiz wurde uns von einem kanadischen Kunden am 26. Mai 2004 zugeschickt. Anschließend gehen wir auf EEG-Tests ein, die mit diesem Bericht übereinstimmen und die Annahme über subtile Wirkungen von Ormus erhärten.

„Ihr mögt es interessant finden, dass ich, bevor ich Zynergy das erste Mal genommen habe, eine sehr fähige Hellseherin konsultiert habe, um dadurch festzustellen, ob das Material hält, was es verspricht.

Sie meinte, es sei nicht nur wirksam, sondern sogar quasi ein Expresszug zur Hellsichtigkeit. Andere Methoden, wie die *Hemi-Sync* Technik des Monroe Instituts, seien im Vergleich nur Spielzeug. Da sie mehrfach Kurse im Monroe Institut absolviert hatte, fand ich ihre Aussage besonders bemerkenswert. Sie sagte zudem, dass die Hersteller kein vollständiges Verständnis für die Wirkung und Stärke ihres Produkts hätten. Sie behauptete, ich würde nach zwei Monaten die ersten Wirkungen verspüren und danach würde es keinen Weg zurück geben.

Da sie Auren sehen kann, verabredete ich, mich zu regelmäßigen Checkups bei ihr einzufinden. Als ich das erste mal zu ihr zurück kam, hatte ich die Dosis verdoppelt und fühlte mich schon ziemlich ausgespaced. Sie bemerkte, meine Aura wäre viel zu massiv und energetisch. Sie war um meine Gesundheit besorgt und riet mir, nur noch kleine Mengen zu nehmen, bis sich mein Körper akklimatisiert hätte.

Die Aura war strahlend rot, orange und gelb ohne die die ruhigeren Blau- und Grüntöne. Sie schien aus meinem Kopf- und Fußbereich zu kommen, ohne den mittleren Körperbereich. Energetisch, aber mit fehlenden Teilen.

Ich bin ihren Empfehlungen gefolgt, und die kleineren Dosierungen lassen mich ruhiger und fokussierter sein. Sie hatte nie zuvor von dem Material gehört und zeigte Interesse, es selbst zu probieren. Ich habe sie nie zuvor so ernsthaft erlebt wie zu dem Zeitpunkt, als sie Durchgaben der Geistwelten zu dem Material bekam. Dies mögen nur befremdliche und anekdotische Randerscheinungen zu Ormus sein, aber ihr findet sie vielleicht ja interessant."

Beachtet die Erwähnung von *Hemi-Sync*. Viele von uns, mich eingeschlossen, haben mit Hemi-Sync experimentiert, mit wechselhaften und sehr unterschiedlichen Ergebnissen. Jeder jedoch, der ausreichend sensibilisiert ist, um seine eigenen inneren Vorgänge zu bemerken, wird dir sagen, dass die Wirkung von starkem Ormus sehr kurz nach der Einnahme zu spüren ist.

Im Falle einer 25-jährigen Frau in der folgenden Studie passierte es binnen Minuten.

Die folgenden Informationen erscheinen auf den ersten Blick nicht weltbewegend zu sein. Aber wenn man sich aller Schlussfolgerungen bewusst ist, bleibt doch der Eindruck eines sehr kraftvollen und wichtigen Ereignisses.

In zwei Fällen haben wir Versuchspersonen an ein EEG angeschlossen. Sie waren 25 und 50 Jahre alt. Die Grundlinie wurde festgestellt und dann jeweils 8 Tropfen „The Portal", einem Bestandteil von Zynergy, verabreicht. Binnen zwei Minuten waren bei beiden Probanden die linke und rechte Hirnhälfte synchron und sie gingen in den „Alphazustand" über, wobei der jüngere sagte, er würde nichts Ungewöhnliches bemerken. Dann synchronisierten die vorderen Stirnlappen-Areale mit den hinteren Quadranten, wodurch alle 4 Quadranten in Phase waren. Als dies geschehen war, zeigte das EEG beider Personen den Thetazustand an.

Der 25-jährige, der nie auch nur einen Tag meditiert hatte, machte kurze Ausflüge in den Delta-Bereich. Dieser ist tiefer als Tiefschlaf und wird i. d. R. mit tiefen Meditationszuständen assoziiert. Während dieser Zeit waren beide Kandidaten hellwach und unterhielten sich mit uns und den Technikern. Einer der Techniker bemerkte nur trocken, so was sei unmöglich.

Es ist wichtig anzumerken, dass Delta-Wellen mit der Aktivierung der Zirbeldrüse in Verbindung gebracht wird. Ein hochangesehener Wissenschaftler und Alchemist aus Vancouver, mit dem wir zusammenarbeiten, klärte uns auf, dass dies die einzige Methode wäre, um eine derartige Aktivierung technisch festzustellen.

Der Punkt hierbei ist: Ormus wirkt! Der obige Proband erlebte Theta und hohe Deltabereiche, „ohne etwas zu merken". Wer sich mit Meditation auskennt, weiß, dass es Jahre wenn nicht Jahrzehnte braucht, um im Deltazustand aktiv zu sein. Der junge Mann hat das mit Ormus in 10 Minuten erreicht, während sein älterer Kollege immerhin im Thetazustand verharrte. Man sollte Maharishi Mahesh Yogi informieren, ihn würde das bestimmt brennend interessieren.

Wir kommen zu dem Schluss, dass diese großartigen Materialien zu diesem

Zeitpunkt in die westliche Kultur Eingang finden, da die täglichen Belastungen und Ablenkungen einen fokussierten und meditativen Zustand sehr erschweren. Tägliche Meditation ist sehr nützlich, wie jeder bestätigen kann, der sie praktiziert. Wie aber wäre es mit ständiger Meditation, während wir unseren normalen Aktivitäten nachgehen? Eine kraftvolle neue Idee, die zu Frieden und innerer Ruhe führen könnte, was wiederum der Schlüssel für die Probleme der Zeit ist.

Noch wichtiger ist, dass wir unsere Zirbeldrüse durch das Einnehmen einer Substanz aktivieren können. Obwohl wir „Beta-Hirnwellen-Aktivitäten" nachgehen, bewegen wir uns gleichzeitig auf eine riesige geistige Veränderung hin, die unsere gewohnte Routine auf den Kopf stellen kann. Das ist für uns der wichtigste Aspekt an den M-State-Elementen.

Durch die vielen anekdotischen Erfahrungsberichte unserer Kunden, sowie durch einige wenige wissenschaftliche Untersuchungen, gelangen wir mehr und mehr zu der Überzeugung, dass Ormus wohl die wichtigste Hilfssubstanz für den Aufstieg ins neue Zeitalter ist.

Mehr Hirnwellensynchronisation

Von einem 51-jährigen Forscher erhielten wir im Dezember 2005 folgenden Bericht:

„Es wurde seit langem vermutet, dass sog. „high-spin" oder M-State-Elemente die Wahrnehmungsfähigkeit des Individuums stark erhöhen können. Die EEG Messergebnisse auf Barry Carters Webseiten wiesen auf erhöhte Synchronisation bei Anwendern kommerzieller Ormus-Produkte hin. Das erregte meine Aufmerksamkeit, da ich seit Jahren die Hemi-Sync Technik des Monroe-Instituts verwendet hatte.

Ich hatte einem Vortrag von Barry in Mount Shasta beigewohnt und war nun erpicht darauf, die von ihm beschriebenen Magnetfallen mit meinem eigenen Quellwasser auszuprobieren. Ich kaufte mir so ein Gerät und erhielt daraus das leicht metallisch schmeckende Ormuswasser, das ich in den online Foren beschrieben gefunden hatte [Anm. des Übersetzers: Das ist keinesfalls ein notwendiges Merkmal, ich habe sehr wirksame Ormuswasser getestet, die nicht metallisch schmeckten, einige sogar eher süßlich].

Nach weitergehenden Experimenten mit der Fallenkonfiguration konnte ich Ormus herstellen, das Freunden, die an Ormus gewöhnt waren, die „Whirlies"

bescherten [Anmerkung des Übersetzers: Gleichgewichts- und Koordinations-
störungen sowie Ohrenrauschen. Die Effekte lassen i. d. R. nach einigen Stunden nach]. Alle im weiteren beschriebenen Erfahrungen wurden durch Ormuswasser, das mittels dieser Magnetfalle gewonnen wurde, ermöglicht.

Obwohl ich vorher viele teure, kommerziell hergestellte Ormus Pulver genommen habe, verwende ich seit 2005 nur noch das Magnetfallenwasser. Ich sollte
vielleicht noch erwähnen, dass ich seit über 20 Jahren regelmäßig meditiere.

Im Juni 2005 nahm ich am Gateway-Voyage-Programm des Monroe-Instituts
teil. Ich bin der festen Überzeugung, dass die dabei gewonnenen Fähigkeiten
und Erfahrungen durch Ormus vertieft wurden.

Ich habe kürzlich an einer EEG Messung mit einem 22-Kanal EEG teilgenom-
men. Bereits wenige Minuten nach der Einnahme von ca. 0,4 Liter Ormuswasser
hatte ich überwiegend Alpha-Zustände mit gelegentlichen Beta-Spikes. Alpha
entspricht dem monroeschen „Focus 10" Zustand, wacher Geist bei schlafen-
dem Körper.

Anstatt in meiner abgedunkelten Meditationskammer im Liegen habe ich den
Zustand während des vorbereitenden Gesprächs sitzend aufrechterhalten. Daraufhin wurde beschlossen, die Session sitzend weiterzuführen. Mit einiger Konzentration erreichte ich Delta-Muster. Delta tritt in tiefer Meditation und auch
im Tiefschlaf auf. Während der folgenden Stunde konnte ich simultan ein Ge-
spräch führen und diese Wellenmuster aufrechterhalten. Gelegentlich kamen
Gamma-Ausschläge hinzu. Ich fühlte mich etwas „neben mir stehend", so, als
wenn ich mich gleichzeitig in meinem physischen und daneben noch in meinem energetischen Körper wahrnehmen würde. Ganz ähnliche Erlebnisse hatte
später eine 39-jährige Teilnehmerin, die ebenfalls 0,4 Liter Ormus getrunken
hatte.

Ich nehme an, dass solche von Ormus erzeugten Zustände transformatorische
Kraft haben. Sie erzeugen Out-Of-Body-Erlebnisse, fördern Heilung und klären
die Gefühlswelt.

Kürzlich wurden Kirlian-Fotos von mir gemacht, jeweils vor und 30 Minuten
nach Einnahme von 400 ml Ormus."

Abb. 23 - Aurafoto

Anhang A: Ormus in der Nahrung

Da diese monoatomaren Elemente mit Geräten nicht quantitativ analysiert werden können, wird eine „nasse chemische Trennung" vorgenommen. Die Probe wird in starker Säure gelöst.

Danach wird das Ausfallprodukt getrocknet und gewogen (gravimetrische Analyse). Daraus wird die Menge reinen Ormus, die unten aufgeführt wird, abgeleitet. Dieser Kurztest dauert bis zu drei Tage und ergibt einen brauchbaren Näherungswert.

Iridium kann zu hoch oder „unbestimmbar" gemessen werden, wenn Kalzium oder Silizium in hoher Konzentration vorliegen, und Eisen kann das Ergebnis für Rhodium verfälschen.

Eine präzisere Analyse, die diese Messwertrisiken nicht beinhaltet, würde drei Wochen dauern.

Hudson erwähnte die folgenden Produkte in seinem Portland Workshop:

- Kombucha Getränk und der chinesische Pilz. Enthält Rhodium und Iridium, aber nicht viel.

- Flachsöl hat Rhodium und Iridium

- Mandelkerne.

- Aprikosenkerne

- Traubenkerne und -saft

- Wasserkresse (hat viel davon)

- Blue-Green Algen haben Rhodium und Iridium

Andere Forscher weisen darauf hin, dass der grüne Tee im Kombucha Getränk die Quelle von Rhodium und Iridium sei.

Die Tabellen wurden zuletzt am 22.02.1998 auf den neuesten Stand gebracht.

Monoatomares Rhodium und Iridium				
MATERIAL	**Mess-Menge**	**MONOATOMIC RHODIUM**	**MONOATOMIC IRIDIUM**	**Summe**
		Mg	**mg**	**Mg**
Kalbs- und Schweine-hirn		2.5%	2.5%	5%
Concord Traubensaft gefroren, ungesüßtes Konzentrat verdünnt 1:3 (Marke: Seneca)	4 oz	121	137	258
Concord Traubensaft gefroren, ungesüsstes Konzentrat verdünnt 1:3 (Marke: Welches)	4 oz	107	119	226
Karottensaft aus Arizona 7/1/95	4 oz	106	105	211
Proanthocyanidin (Pycnogenol) Marke: Ourco Nigel aus Meeres-Pinien Rinde plus Ginko-Biloba-Extrakt.	3 Tabl. (3.4 Gramm)	80	40	120
Aloe-Vera-Saft Konzentrat (Marke: R-Pure Aloe)	1 oz	46	6	52
Aloe-Vera-Saft Konzentrat (Marke: Ultimate Aloe)	1 oz	37	25	62
Vitalitea aus Arctium lappa Wurzel, Rumex acetosella L., Rinde der Ulmus rubra Muhl, Wasserkresse, Wurzel des türkischen Rhabarber	2 oz	13	30	43

Monoatomares Rhodium und Iridium				
MATERIAL	**Mess-Menge**	**MONOATOMIC RHODIUM**	**MONOATOMIC IRIDIUM**	**Summe**
		Mg	**mg**	**Mg**
Gymnema Syvestre (gegen Diabetes)	1 Gramm	21	17	38
Noni Saft	2 tbsp	17	7	24
Gefriergetrocknetes gereinigtes Aloe Vera Konzentrat (Marke: MPS Gold)	1 g - 2.25 tsp	10	14	24
Gefriergetrocknetes gereinigtes Aloe Vera Konzentrat (Marke: ManAloe mit Lecithin)	1 g - 2 caps.	8	11	19
Sanguinaria canadensis	1 gram	5	13	18
Hai-Knorpel	5.5 g -8 caps	12	1	13
Blue-Green-Algen (Marke: Celtec)	1 g -4 caps	8	2	10
Lecithin Granulat	1 g -1/3 Eßl.	5	4	10
Hypericum perforatu	1 g	6	3	9
Essiac Tee (4 Kräuter)	2 oz	5	3	8
Acemanan (hochgereinigtes Aloe Extrakt zum Injizieren)	10 mg	7		7
Blaubeersaft	2 oz	3	2	5
Feigenkaktus Fruchtsirup	1 Eßlöffel	2	2	4

Ormus Rhodium und Iridium in Prozent

Quelle	% Monoato- mic Rh.	% Monoatomic Ir.	% Monoatomic Rhodium +Ir
Blaubeersaft	0.01%	0.01%	0.01%
Essiac Tee	0.01%	0.01%	0.02%
Vitali-Tee	0.03%	0.09%	0.13%
Karottensaft (AZ 7-1-95)	0.12%	0.16%	0.29%
Traubensaft - gefroren. ungesüsstes Konzentrat (1:3)	0.14%	0.21%	0.35%
Aloe Blatt	0.17%	0.07%	0.24%
Ultimate Aloe	0.17%	0.00%	0.17%
R-Pure Aloe (Mucopolysaccharide)	0.21%	0.04%	0.25%
Hai Knorpel	0.24%	0.04%	0.27%
Emprise Plus/Mexican Wild Yam(dioscorea) plus man-aloe	0.49%	0.00%	0.49%
Blood Root	0.60%	2.20%	2.80%
Hypericum perforatum	0.80%	0.60%	1.40%
Blue-green Algen	1.00%	0.54%	1.54%
Man-Aloe (gefriergetrocknete Aloe)	2.10%	0.00%	2.10%
Ultimate Aloe, flash dried	2.20%	0.00%	2.20%
Kalbs- und Schweinehirn	2.50%	2.50%	5.00%
Proanthocyanidin (Pycnogenol) Marke: Ourco Nigel aus Meeres-Pinien Rinde plus Ginko-Biloba-Extrakt	3.09%	2.06%	5.15%
Acemannan [hochgereinigtes Aloe]	90.00%	0.00%	90.00%

Anhang B: Literaturliste

Englischsprachige Bücher über Ormus

Stuart Nettleton: The Alchemy Key

Robert Cox: The Pillar of Celestial Fire

Laurence Gardner: Genesis of the Grail Kings

Laurence Gardner: Lost Secrets of the Sacred Ark

Buchtipps von David Hudson

R. A. Schwaller de Lubicz: Sacred Science

Buchtipps von Barry Carter

C. W. Leadbeater & Annie Bessant: Occult Chemistry

Stephen M. Phillips, Ph. D.: Extra-Sensory Perception of Quarks

Maria Szepes: The Red Lion [58]

Philip S. Callahan, Ph.D.: Paramagnetism - Rediscovering Nature's Secret Force of Growth

Philip S. Callahan, Ph.D.: Ancient Mysteries, Modern Visions

Peter Tompkins & Christopher Bird: Secrets of the Soil

Raphael Patai: The Jewish Alchemists

Lynne McTaggart: The Field [59]

Norman Friedman: Bridging Science and Spirit - Common Elements in David Bohm's Physics, the Perennial Philosophy and Seth

Anhang C:
Selbstbau einer Magnet-Vortex-Falle

Die meisten Ormusforscher aus den USA haben ein eigenes Haus mit Garten. Daher sind fast alle Fallenkonstruktionen für den Freilandgebrauch vorgesehen, d.h. Bauform, Größe, Wasserleckagen usw. spielen keine Rolle.

Die im Folgenden beschriebene Falle ist die einzige Konstruktion für den Hausgebrauch, die ich im Web finden konnte. Sie wird im Original bezeichnenderweise „Winter Sink Trap" (etwa: „Falle für den winterlichen Gebrauch in der Spüle") genannt.

Materialliste

#	Material	Größe/Länge	Menge	Nutzung
1.	4" Durchm.	6,5"	1	Hülle
2.	½" Durchm.	6"	3	Beine
3.	½" Durchm.	5,5"	1	Sammler
4.	½" Durchm.	1,5"	2	Output
5.	½" Durchm.	1"	1	Input
6.	4" Endstücke		2	Deckel & Basis
7.	½" PP Schnur	76 cm	1	Sammler
8.	¼" durchsichtiger PVC Schlauch	61 cm	1	Abwasser
9.	¼" durchsichtiger PVC Schlauch	61 cm	1	Output
10.	½" Buchsen		3	Beine
11.	½" Deckel		3	Beine
12.	½" Rohr-Gewindestutzen		2	In- & Output
13.	½" Schlauch-Gewindestutzen		1	Input

14.	1 ½" Kupplung	1	Abwasser
15.	1 ½" auf ½" Reduzierstück	1	Abwasser
16.	90° Winkel ½" auf ½" Gewinde	1	Output
17.	45° Winkel ½"	3	Beinbefestigung
18.	10-24 Senkkopf-Maschinen-schrauben & Muttern 1" lang	3	Beinbefestigung
19.	¾" Schlauchklemme	1	Abwasser Justage
20.	½" Gewindekupplung	1	Output
21.	2-Komponenten-Kleber	1	Beinmontage
22.	PVC Kleber	1	Teile Verkleben
23.	Dickes Doppelklebeband	1	Magnetmontage
24.	High-Energy Magnete Radio-Shack Katalog # RS 640-1877 3/8" Dicke, 7/8" Durchmesser	30	Ormuskonzentration
25.	1 Rolle Duct-Tape	1	Magnetmontage

Werkzeugliste (Minimalausstattung)

1) Feine Metallsäge

2) Mittelfeines Schmirgelpapier mit Schmirgelblock

3) Handbohrmaschine

4) 13/16" und ¼" Metallbohrer

5) Werkzeug zum Schraubenkopf-Versenken oder 3/8" Metallbohrer

6) Kleiner bis mittelgroßer Schraubenzieher (#2)

7) Zirkel

8) Engländer oder Rohrzange

9) Schraubstock und Werkbank wären nützlich, es geht aber auch ohne

Bauanleitung

Die Abbildungen sind im Anhang auf Bildtafeln zusammengefasst. Sie sind mit dem Kürzel „MF" (MagnetFalle) durchgehend nummeriert.

Schritt 1:

Säge die Rohrstücke auf Länge. Wenn vorhanden, verwende einen Schraubstock. Entgrate die Enden mit Sandpapier. Abb. MF01

Die folgenden Längen werden benötigt:

4" Durchmesser, 1 x 6,5" Länge, Hauptrohr

0,5" Durchmesser, 3 x 6" Länge, Beine

1 x 5,5" Länge, Innensammler

2 x 1,5" Länge, Abwasserauslass

1 x 1" Schlaucheinlass

Schritt 2:

Den oberen und den unteren Deckel ausbohren.
Ein ½ " Rohr sollte knapp hindurchpassen. Das Loch sollte mit einem 13/16" Drehbeitel oder einem 13/16" Bohrer gemacht werden. Ein Bohrtisch wäre von Vorteil, weil nur gerade Löcher spätere Leckagen verhindern. Abb. MF02

Schritt 3:

Bohre den Wassereinlass ½ " vom Rand der oberen Kappe. Abb. MF03
Es hat dieselbe Größe wie das Loch oben auf der Kappe, 13/16" und ist am besten mit dem Drehbeitel zu erzeugen.

Schritt 4:

Gehe zu Schritt 7, falls du die Beine ankleben und nicht anschrauben willst.

Bohre die Beinhalterungslöcher in die untere Kappe. Abb. MF04
Je ¼ " Durchmesser, 3 Sets á 2 Löcher. Wie im Bild zu sehen.

Schritt 5:

Benutze einen 3/8" Bohrer oder ein Spezialwerkzeug, um die Schraubenköpfe zu versenken. Abb. MF05

Schritt 6:

Füge die 10-24 Messingschrauben in die Löcher und stelle sicher, dass die Schraubenköpfe nicht über die Oberfläche hinausragen, sonst passt der Hauptteil nicht auf die Kappe. Abb. MF06
Befestige alle 6 Schrauben mit Kontermuttern in der gleichen Weise, wie auf dem Bild zu sehen. Abb. MF07, MF08.

Schritt 7:

Alternativ zum Festschrauben kann man die Beine auch mit 2-Komponenten-Kleber befestigen. Finde den Mittelpunkt der unteren Kappe und zeichne mit Hilfe eines Zirkels einen Kreis mit 1¾" Radius. Abb. MF09
Unterteile den Kreis in 3 gleich große Segmente. Setze einen ½" Rohrabschluss-Stück auf einen der 3 Punkte und zeichne mit Filzstift den Umriss auf die Abschlusskappe. Abb. MF10
Schmirgle den Bereich innerhalb des Umrisses flach. Abb. MF11
Raue das Abschluss-Stück mit Sandpapier auf. Abb. MF12.
Klebe es mit 2-K-Kleber fest. Abb. MF13
Lass die Klebestelle über Nacht aushärten.

Schritt 8:

Klebe das Auslassrohr in die dafür vorgesehene Öffnung. Stelle sicher, dass es genau und ohne Spiel passt. Abb. MF15

Schritt 9:

Klebe das 1,5" lange Rohrstück mit 0,5" Durchmesser in den Adapter. Verklebe den Adapter nicht mit der Kupplung, damit du später die Länge an die Abflusstiefe der Spüle anpassen kannst.

Schritt 10:

Verbinde den Abwasserverteiler mit dem Abflusteil der unteren Kappe mit Hilfe eines kurzen Schlauchstücks. Abb. MF16
Im Bild sieht man einen 0,5" Gartenschlauch, besser geeignet ist jedoch ein ¾" durchsichtiger PVC Schlauch. Eine Schlauchklemme in der Mitte erlaubt den Durchfluss zu regulieren, ohne den Vortex zu beeinträchtigen.

Die aufwendigere aber besser zu kalibrierende Lösung ist, an dieser Stelle ein Kugelventil zu benutzen. Abb. MF17

Schritt 11:

Befestige zunächst die Beine (wenn sie geschraubt werden) und dann das Abwasser-Regulierstück. Bei geklebten Beinen kann man Rohrverbinder aufstecken, um mit zusätzlichen Rohrstücken die Beinlänge zu variieren. Abb. MF18, MF19
Abb. MF20 zeigt die fertige Montage mit dem Abwasserstück in der Mitte.

Schritt 12a:

Das Oberteil kann in zwei Varianten gebaut werden. In der ersten kann der Teil, der das Ormuswasser extrahiert, nicht gewartet oder gewechselt werden. In der zweiten Variante kann es gesäubert oder anderweitig angepasst werden. Die folgenden Anweisungen sind für die erste Variante.

Baue die Innenteile zusammen. Abb. MF21

Der Messing-Schlauchadapter, Die Gewindekupplung und das 1" Stück sowie das ½" Rohr.
Verklebe das Rohr mit der Kupplung. Fädele den Schlauchadapter in das Kupplungsstück. Benutze Teflonband zum Abdichten. Dann klebe diese Zusammen-

stellung in das Loch am Unterteil der oberen Kappe. Verwende ein Messer oder Sandpapier, um Überstand abzuschleifen. Es darf innen nicht überstehen.

So sieht es installiert aus. Abb. MF22

Wenn später der Schlauch befestigt wird, stelle sicher, dass du die Klebenaht zur Kappe nicht belastest.

Schritt 13a:

Baue das M-State-Sammelrohr. Beginnend 1" unter einem Ende bohre 1/4" Löcher mit 90 ° Versatz alle 0,5", bis du zum Ende des Rohres gelangst. Entgrate mit Sandpapier. Abb. MF23

Schritt 14a:

Bereite die Befestigung des M-State-Sammelrohrs vor.

Zuerst entgrate das Aufnahmeloch sorgfältig. Dadurch wird später das Aufnahmestück sauber aufgeklebt werden können. Abb. MF24, MF25

Schritt 15a:

Installiere das M-State-Sammelrohr. Trage Kleber auf das Rohrende ohne Löcher auf. Nun drücke das Rohr in das Aufnahmeloch, bis das unterste Loch im Rohr gerade über dem Kappenrand liegt. Abb. MF26

Schritt 16a:

Verbinde das M-State-Sammelrohr per Kleber mit dem zuvor zusammengefügten Auslass-Stück. Klebe auch das Ende des Winkels auf die Kappe, um mehr Stabilität und Dichtigkeit zu erreichen.

So sieht es aus. Abb. MF27

Der Auslaufstutzen ist mit dem Winkel über ein Gewinde verbunden. Dabei sollte Teflonband als Dichtmaterial verwendet werden. Abb. MF28

Schritt 12b :

In der folgenden Variante kann das Ormus-Sammler-Bauteil gewartet und gewechselt werden.

Dies ist die Liste der speziell hierfür verwendeten Bauteile:

4" PVC Kupplung
4" zu 2" steck-Reduzierstück
2" zu 1" Rohr-Reduzierstück
1" male Rohr auf 1" female Reduzierstück
¾" zu ½" steck-Reduzierstück
10" langes Stück eines ½" PVC Rohrstücks
2" langes Stück eines ½" PVC Rohrstücks
½" 90° Bogenstück Aufsteckstück-zu-Gewinde.

Zusammenbau Abb. MF29

Sammlerteile Abb. MF30

Einlass-Teile zusammenfügen Abb. MF31.

Schritt 13b:

Diese Variante hat ein 10" M-State-Sammelrohr. Die Bohrungen sind 3/16" im Durchmesser alle 0,5" um je 90° versetzt bis auf den letzten Zoll, der frei bleibt.

Entgrate die Bohrlöcher mit Sandpapier. Abb. MF32

Schritt 14b:

Reduzierstücke zusammenstecken und mit der 4" Kupplung verkleben.

Zusammenbau Abb. MF33

Schritt 15b:

Das M-State-Sammelrohr und das Auslass-Teil zusammenfügen. Abb. MF34
Hierfür wird ein Spezialwerkzeug benötigt, das „Fitting Saver" heißt[60]. Es wird normalerweise zum Ausbohren gebrauchter Rohrkupplungen verwendet.

Benutze einen ¾ " und danach einen ½" *Fitting Saver,* um das 1" Rohr und das 3/4" Adapterstück auszubohren wie auf der Abbildung zu sehen. Abb. MF35.

Bohre das 1" Rohr zu einer 1" Kupplung aus.

Klebe das 2" Rohrstück in das 3/4" auf ½ " Reduzierstück. Abb. MF36.

Klebe diese Zusammenstellung in das zuvor ausgebohrte 1" Rohr/Adapterteil. Abb. MF38.

Nachdem der Kleber angezogen hat, bohre das unbenutzte Ende des Reduzierstücks auf 3/8" Tiefe aus. Halte dabei den Bohrer waagerechter als in der Abbildung! Abb. MF39

Verklebe und installiere das zuvor gebohrte Ormus-Sammelrohr. Abb. MF40. Das fertige Bauteil: Abb. MF34

Schritt 16b:

Kürze das 2" Rohr auf 1/4", die aus der Ormus-Sammler Konstruktion herausragen dürfen. Abb. MF40

Klebe den 90 ° Gewindewinkel an das abgesägte Ende. Abb. MF41

Der Auslass-Stutzen wird in das Gewinde geschraubt. Benutze Teflonband zum Abdichten.

Schritt 17:

Installiere das Öl aufnehmende Polypropylen-Band. Fiberglas-Band würde auch funktionieren, es ist aber nicht sicher, weil kleine Fiberglas-Bruchstücke in das Wasser geraten. Abb. MF42

Schiebe das PP-Band in ganzer Länge in das Sammler-Rohr. Abb. MF43
Du musst es dabei drehen und winden, denn es passt nur knapp. Schneide überstehendes Band ab. Abb. MF44

Schritt 18:

Der Mittelteil wird fertig gestellt, indem du den Wasser-Einlass-Schlitz als einen tangentialen Schnitt in den oberen Rand herstellst. Abb. MF45

Nimmt das Blatt einer Bügelsäge. Der Schlitz sollte ca. 3 Blattbreiten weit und ca. 1" tief sein. Ein zu tiefer Schnitt würde ein Leck erzeugen, weil der obere Deckel es dann nicht mehr abdeckt.

So sieht es aus: Abb. MF46

Dies wird das Wasser in einem schnellen Wirbel innen am Außenrand des Mittelteils herum schießen lassen. Das führt zur Ausbildung eines Niedrig-Geschwindigkeits-Vortex um das Sammelrohr in der Mitte.

Schritt 19:

Zusammenbau der 3 Hauptbaugruppen Abb. MF47

Deckel, Mittelteil und die untere Baugruppe werden mittels Silikon-Dichtmasse verbunden. Diese wird dünn und gleichmäßig innen auf Deckel und Unterteil aufgetragen. Dann drücke das Mittelteil in das Unterteil, danach den Deckel auf den Mittelteil. Puste in den Wassereinlass um sicherzustellen, dass er korrekt über dem Schlitz sitzt. Lass den Kleber über Nacht antrocknen.

Die Verwendung von Silikon-Dichtmasse erlaubt die spätere Demontage falls diese nötig wird.

Die alternative Beinkonstruktion sieht am Ende ungefähr so aus: Abb. MF48

Schritt 20:

Prüfe die Anlage auf Lecks, bevor du die Magnete installierst. Abb. MF49

Befestige die Schlauchklemme vorläufig nur leicht. Zu starkes Festziehen ist unnötig und kann zu Beschädigung der Bauteile führen. Abb. MF50

Stecke den durchsichtigen PVC Schlauch auf den Auslass-Stutzen und führe ihn in den Abfluss. Drehe den Kaltwasserzulauf langsam auf. Schließe das Ventil am Abwasserauslass (bzw. je nach Konstruktion die Schlauchklemme) bis du einen geringfügig tröpfelnden Wasserfluss aus dem oberen PVC-Schlauch wahrnehmen kannst. Keines der Übergänge und Verbindungsteile sollte jetzt lecken. Abb. MF51

Schritt 21:

Magnetinstallation Abb. MF52

Diese Falle hat 30 Magnete. Sie werden zunächst mit Hilfe von Teppichklebeband in Position gehalten und dann mit Kabelklemmen fixiert. Dicke Einmachglas-Gummibänder eignen sich auch zur temporären Fixierung. Die Südpole zeigen nach Innen.

Unten am Abwasserauslass ist ein Lautsprechermagnet angebracht. Dieser kann aber auch durch mehrere kleine Hochenergie-Keramikmagnete ersetzt werden.

Dem geübten Bastler fallen bestimmt noch andere Methoden ein, um die Magneten in der Position zu halten.

Bei dieser Konstruktion wurden 3 Magneten übereinander gestapelt. Meine Erfahrung zeigt, dass mehr als 4 Magneten im Stapel keine Wirkungssteigerung zeigen.

Man kann jetzt noch eine zweite baugleiche Falle herstellen und den Output der ersten als Input für die zweite nutzen. Damit erhöht sich die Konzentration des Ormusmaterials.

Die fertige Anlage sieht so aus: Abb. MF53

Die Anlage ist einfach auf- und wieder abzubauen. Wir stellen 20 Liter Ormus her, den wir in einem Glasbehälter mit Alu-Abschirmung aufbewahren. Auf diese Art brauchen wir uns die Mühe nur einmal im Monat zu machen.

Wer eine Badewanne hat, sollte sie benutzen. Der Duschschlauch kann leicht als Zulauf für die Falle genutzt werden und im Falle eines größeren Lecks sind keine teuren Wasserschäden zu befürchten. Außerdem kann der Durchsatz einer 2-Stufen-Falle zu viel für den Abfluss eines kleinen Waschbeckens sein. Durchschnittlich produziert man 8 Liter Ormuslösung pro Stunde, je nach Kalibrierung auch mehr.

Durchflussraten

Input aus dem Leitungssystem bei 65 PSI Wasserdruck (ca. 4 ATÜ).

Erste Falle
Durchlaufmenge 600 l/h
Output 40 l/h

Zweite Falle
Durchlaufmenge 40 l/h
Output 8 l/h

Anhang D: Abbildungen

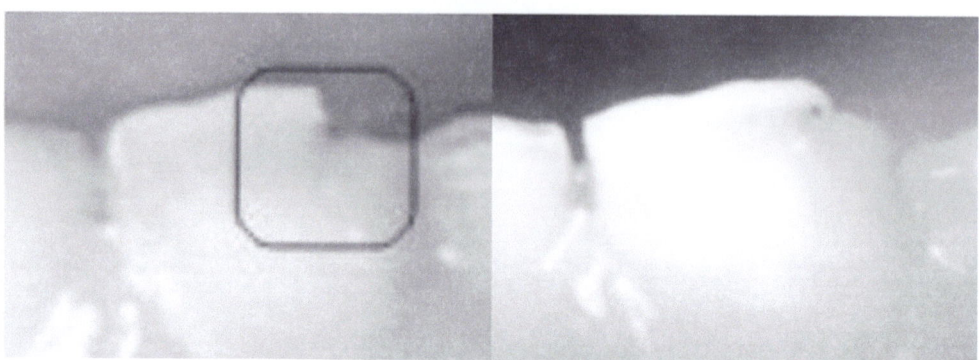

Abb. 1: Zahnbruch vor und nach Ormus-Einnahme

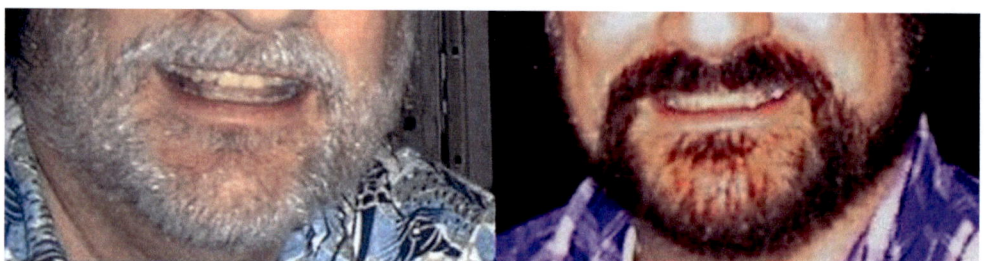

Abb. 2: Bartfärbung – nach 2 Jahren M-State-Kupfer

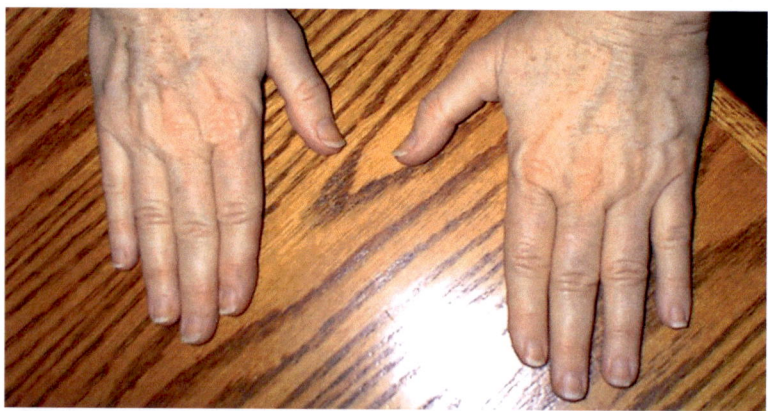

Abb. 3: Hände – nach der Behandlung

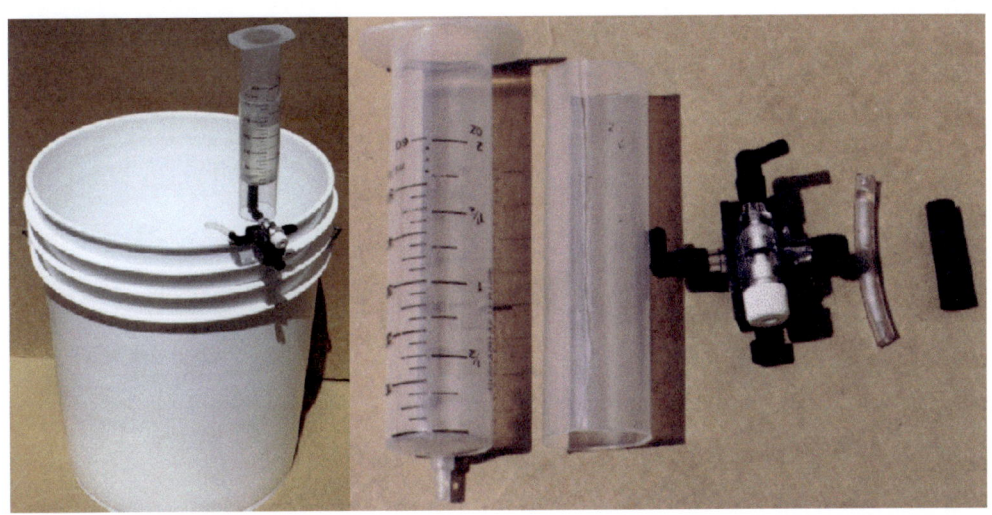

Abb. 5 und 7: Titrierer

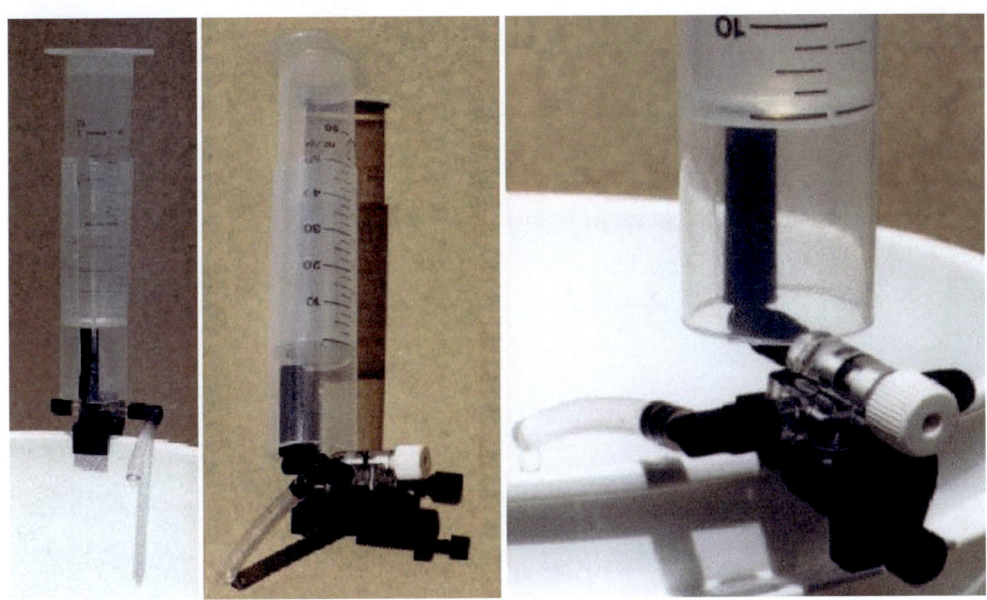

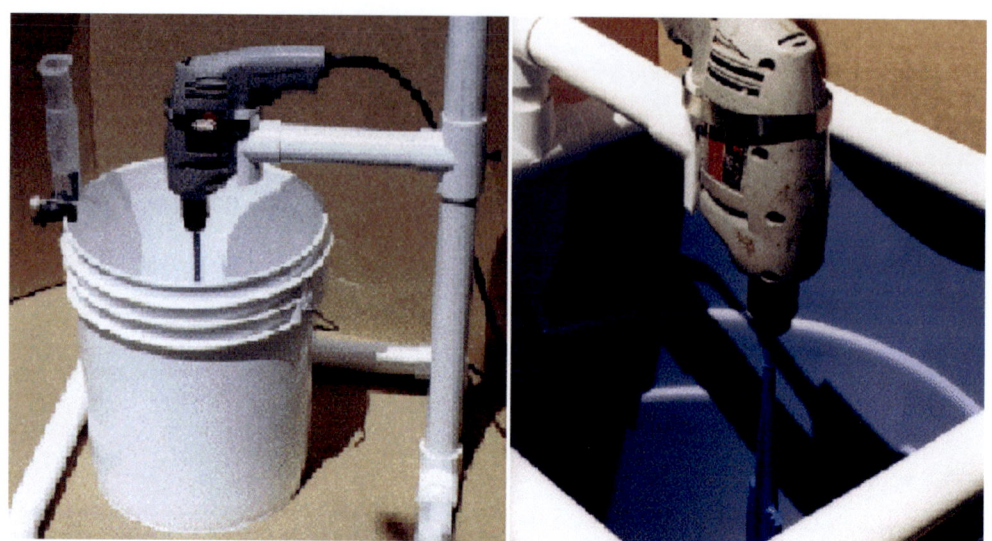

Abb. 8 und 9: Rührer

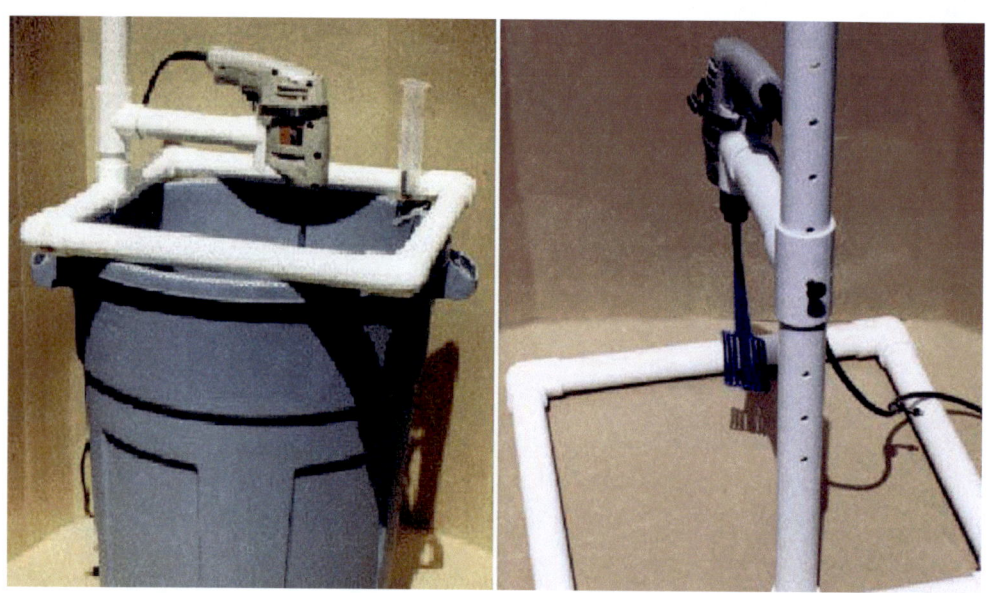

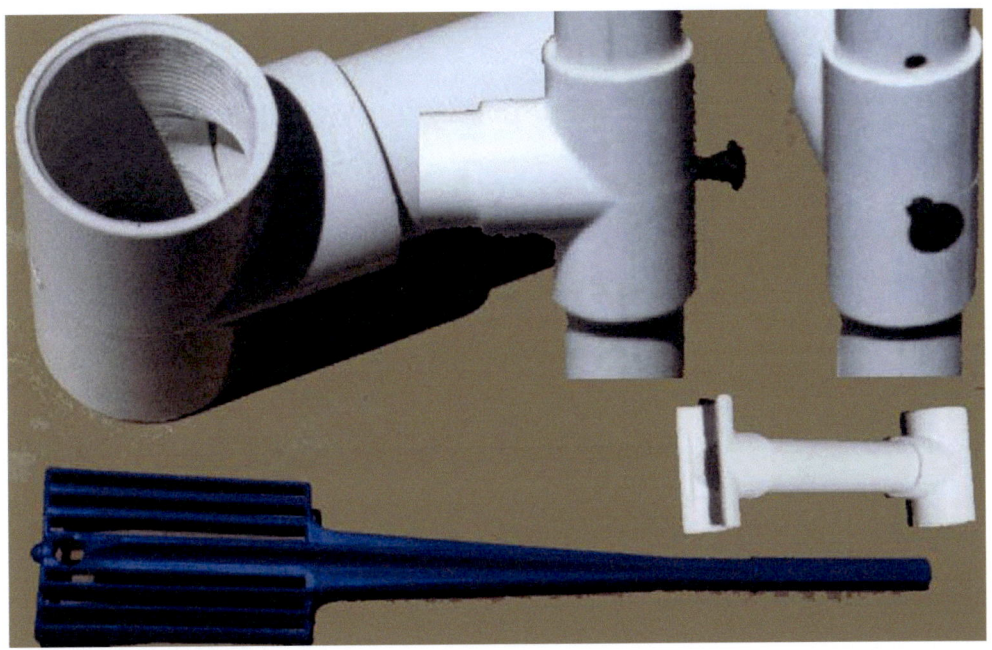

Abb. 10: Rührerteile

Abb. 11 und 12: Walnusszucht

Abb. 13, 14 und 15: Walnusszucht

Abb. 17 Tut, die Katze ohne Schwanz

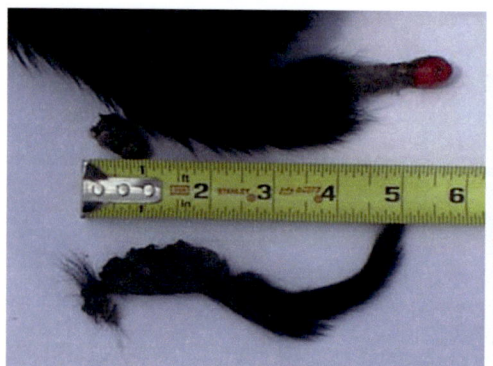

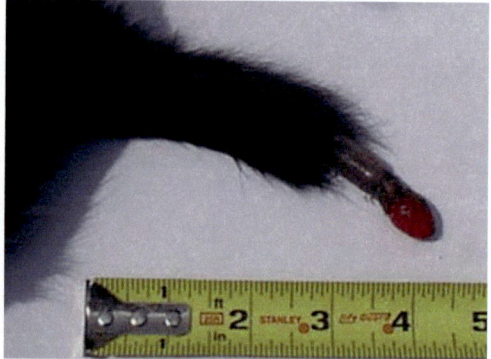

Abb. 18, 20 und 21: Katzenschwanz wächst vollständig nach

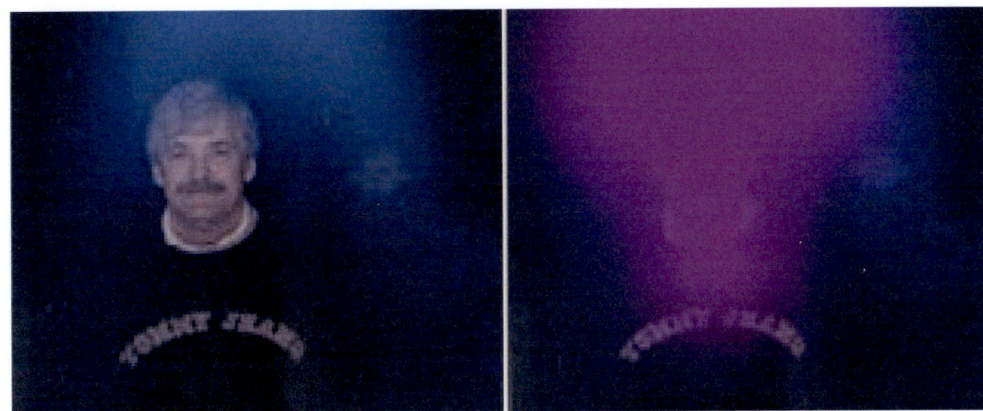

Abb. 23: Aurafotos

Abb. 24, 25: Zwei Vortex Fallen

MF01

MF02

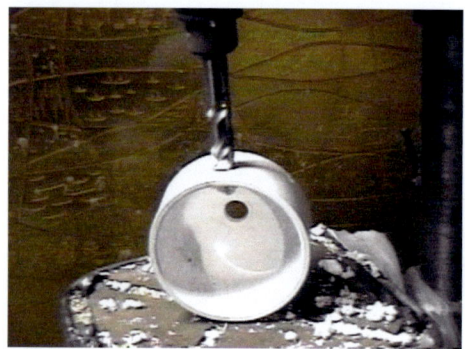

MF03

MF04

MF05

MF06

MF07

MF08

MF09

MF10

MF11

MF12

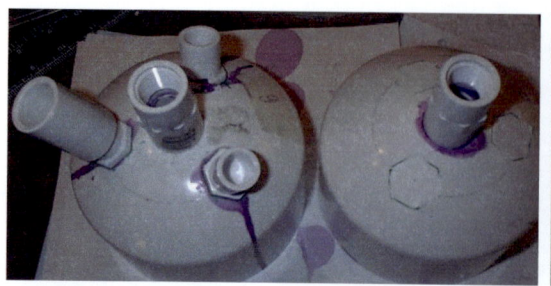

MF13

MF14

MF15

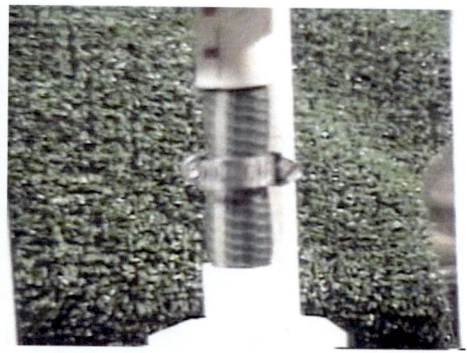

MF16

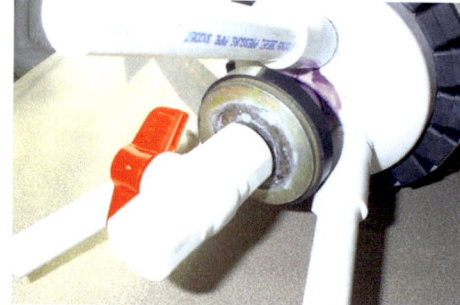

MF17

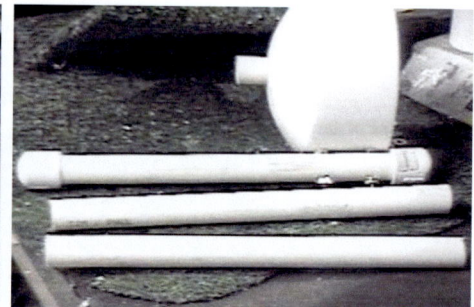

MF18

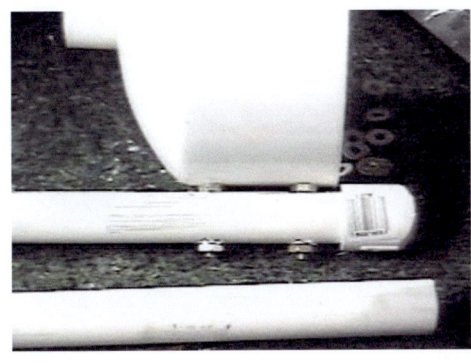

MF19

MF20

MF21

MF22

MF23

MF24

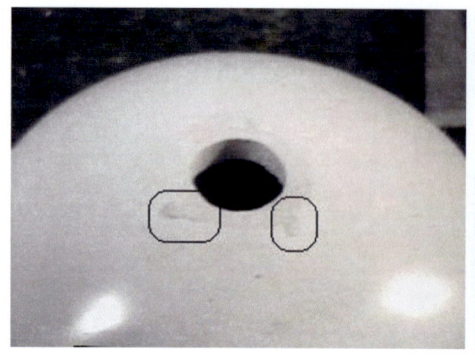

MF25

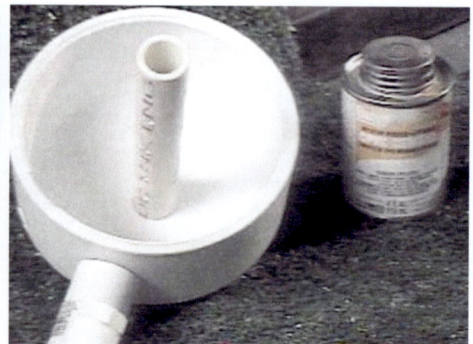

MF26

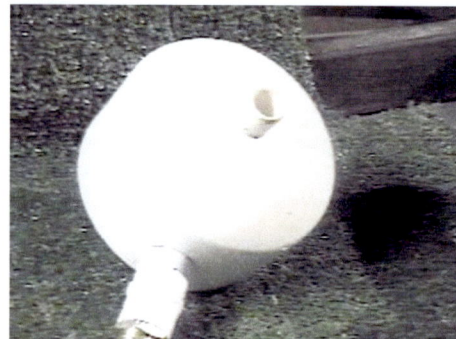

MF27

MF28

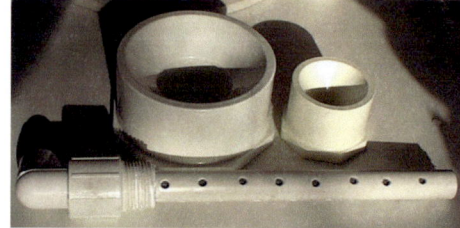

MF29

MF30

MF31

MF32

MF33

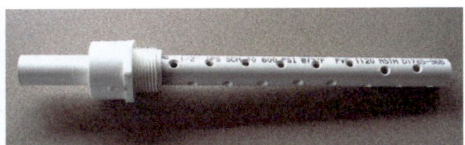

MF34

MF35

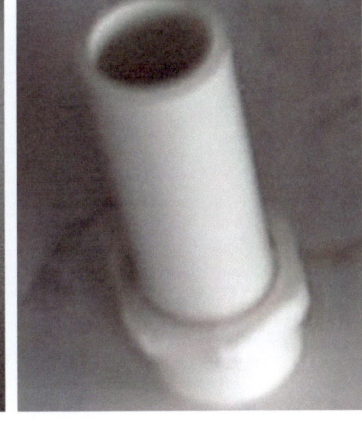

MF36

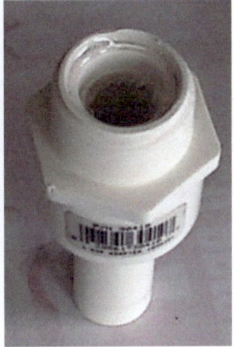

MF38

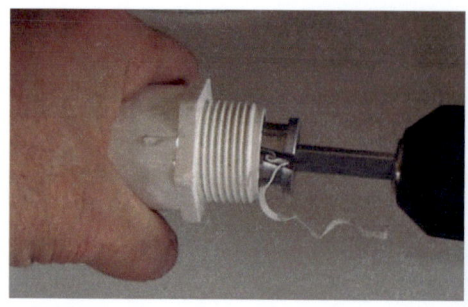

MF39

MF40

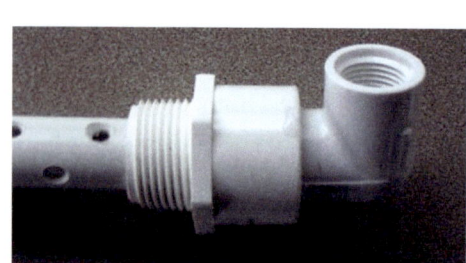

MF41

MF42

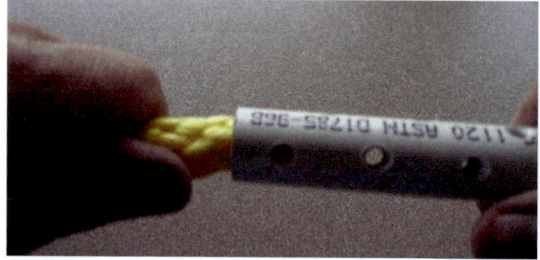

MF43

MF44

MF45

MF46

MF47

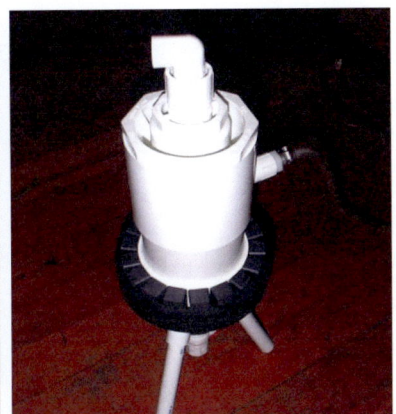

MF48

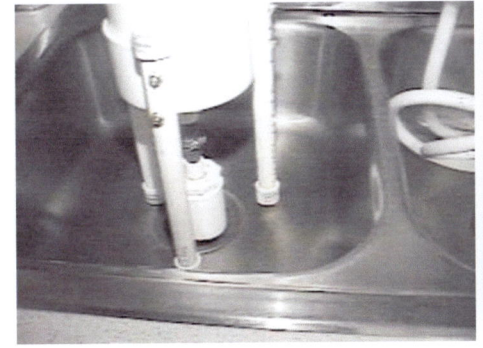

MF49

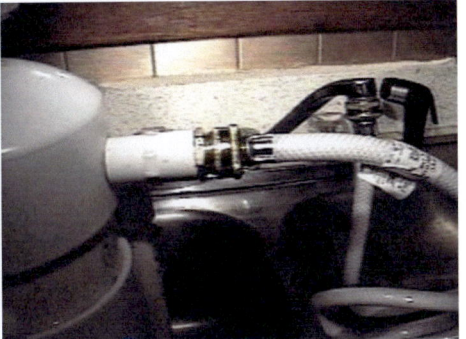

MF50

MF51

MF52

MF53

Glossar

Acre: 1 acre = 4 840 sq.yd. = 43.560 sq.ft. = 0,405 ha = 4050 m^2

BEC: Bose-Einstein-Kondensate – Seite 21

Blastem: (von griechisch blastos "Spross", "Keim") eine frühembryonale Organ-anlage in Form einer undifferenzierten Mesenchymverdichtung. Normalerweise bilden primitivere Tiere wie Salamander Blasteme - einen Art Stammzellen - mit denen sie Extremitäten nachwachsen lassen können. Höher entwickelte Tiere und Menschen haben diese Fähigkeit eigentlich verloren.

Boson: (benannt nach dem indischen Physiker Satyendranath Bose) Teilchen die einen ganzzahligen Spin besitzen. Hierzu gehören unter den Elementarteil-chen die Eichbosonen, unter den zusammengesetzten Teilchen alle Atomkerne mit gerader Nukleonenzahl (z. B. der Kern des schweren Wasserstoffs (Deuterium), der aus zwei Fermionen besteht: einem Proton und einem Neutron). Bosonen grenzen sich ab von den Fermionen, die einen halbzahligen Spin besitzen. Ein Elementarteilchen ist immer entweder ein Boson oder ein Fermion.

Cooper-Paarung: paarweise Zusammenschlüsse von Elektronen in Metallen im supraleitenden Zustand

Effusion Übers.: „Ausgießung". Als Effusion wird der Ausfluss vulkanischer Lava bezeichnet

Eigenstate: Zustand vor der Quantendekohärenz – jeder mögliche Zustand eines Teilchens als mathematische Superposition

Fermion: Siehe Boson

Josephson-Tunnelling: Der Josephson-Effekt ist ein physikalischer Effekt, der den Tunnelstrom zwischen zwei Supraleitern beschreibt

Meißner-Effekt: siehe Supraleitung

Microtubuli: röhrenförmiger Strukturen der Zelle mit ca. 20-28 nm Durchmesser. Sie sind mitverantwortlich für die mechanische Stabilisierung der Zelle und ihrer äußeren Form, für aktive Bewegungen der Zelle als Ganzes, sowie für Bewegungen und Transporte innerhalb der Zelle.

Objektive Reduktion: Nach Penrose: 10 hoch 10 Tubulin-Dimere treten in einen kohärenten Zustand, inter-zelluläre Kommunikation erfolgt dabei mittels Tunnelling, Der Quantenzustand entwickelt sich entsprechend der Schrödinger-Gleichung, nach 25-500 ms entwickelt sich daraus ein eindeutiger biologischer Zustand. Der Vorgang wird Objektive Reduktion genannt.

PGE: Platin-Gruppen Elemente

Remote Viewing: Psi-Fähigkeit: Dinge an entfernten Orten geistig zu sehen

Superradiance: erlaubt einem Teilchen mit Dreh- oder linearem Momentum in einen niedrigeren Energiezustand überzugehen, ohne dass ein klassischer Mechanismus dafür bekannt wäre. Ähnlich dem Quantum Tunnelling.

Supraflüssigkeit: viskosefreies Fließen

Supraleitung: widerstandsfreier Stromfluss, normalerweise bei sehr tiefen Temperaturen, mit Ormus postuliert bei Zimmertemperatur

TGD: Ein alternativer Denkansatz aus der Quantenphysik zur vorherrschenden Superstring- bzw. Brane-Theorie entwickelt von Matti Pitkanen

Tubulin: α- und β-Tubulinmoleküle bilden die Bausteine der Microtubuli

Virion: ein einzelnes Viruspartikel, das sich außerhalb einer Zelle befindet

Quellen und Endnoten

Sehr viel Material stammt von Barry Carters US-Webseite
http://www. subtleenergies.com
Die deutschen Seiten sind auf http://www.m-state.de
Die Endnoten beziehen sich auf die entsprechend nummerierten Textstellen.

---

[1] http://dhira-art.de

[2] Htp://www.SciMedNet.Org

[3] http://familie.heilpflanzen-welt.de/gesundheit/aerzte-streik--gut-fuer-unsere-gesundheit.htm

[4] http://www.chiropraktik-bund.de/Patienten-Infos-2.htm

[5] http://www.subtleenergies.com/ORMUS/patents/Worldpat.htm

[6] http://www.levity.com/alchemy/artephiu.html

[7] http://www.colorado.edu/physics/2000/bec/index.html

[8] http://www.aip.org/physnews/graphics/html/helium3.htm

[9] http://www.tcm.phy.cam.ac.uk/~bdj10/mm/top.html

[10] http://www.nonlocal.com/hbar/qbrain.html
http://blues.helsinki.fi/~matpitka/

[11] http://zz.com/WhiteGoldWeb/ozone1.htm

[12] http://web.archive.org/web/20010710064853/hotwired.lycos.com/
synapse/archive/index/red?Braintennis

[13] Königswasser, ein Gemisch aus 2 bis 4 Teilen konzentrierter Salzsäure und einem Teil konzentrierter Salpetersäure

[14] http://www.subtleenergies.com/ORMUS/research/paranorm.htm#diatomic

[15] http://groups.yahoo.com/group/ORMUS/

[16] http://www.subtleenergies.com/ormus/tw/puzzles.htm

[17] http://www.subtleenergies.com/ORMUS/tw/reports.htm

[18] Du kannst eine Trial-Version des NCH Tongenerators hier herunterladen um Frequenzen zu vergleichen: http://www.nch.com.au/tonegen/

[19] Siehe 37

[20] Der Autor kann unter der E-Mail Adresse info@m-state.de erreicht werden.

[21] Das Originaldokument enthält an dieser Stelle vier Methoden, die jetzt entstandene Lösung weiter zu reinigen.
Diese Methoden werden hier nicht wiedergegeben, da im Originaldokument von ihnen abgeraten wird und zwar auf Grund von Testergebnissen, die darauf hinweisen, dass diese Methoden nicht gut funktionieren oder aber, dass in ihrem Verlauf die Konzentration an M-State-Elementen signifikant reduziert wird. Wer sich dennoch dafür interessiert, möge bitte das englische Original zur Hilfe nehmen.: http://www.subtleenergies.com/ORMUS/ormus/ormus3.htm

[22] Bitte schaue unter M-State.de auf der „Products" Seite nach

[23] http://www.orgonelab.org/fda.htm

[24] http://www.ormuslike.info/ormuswater/

[25] Hudson Interview mit Binga vom 28. Juni 1996

[26] Bristol-Myers-Squibb
http://www.bms.com/

[27] Leider ist das kein gutes Beispiel, siehe hier:
http://www.danwinter.com/

[28] Platinum Metals Review: 1990, Volume 34, No. 4

[29] Cisplatin (DDP) ist ein sehr verbreitetes Zytostatikum (Mittel zur Hemmung des Zellwachstums bzw. der Zellteilung). Die chemische Struktur enthält ein komplex gebundenes Platinatom. Die Wirkung gegen Krebszellen beruht auf einer Vernetzung der DNA-Moleküle (Erbsubstanz), die dadurch funktionsunfähig werden. Der Zellstoffwechsel wird behindert und die Zelle stirbt ab. Wie andere Zytostatika auch wirkt Cisplatin in dieser Weise nicht nur auf schnellwachsende Tumorzellen, sondern in gewissem Grad auch auf gesunde Körperzellen.

[30] Topological Geometrodynamics = TGD
http://matpitka.blogspot.com/2007/06/empirical-support-for-tgd-based-model.html

[31] Für Exotic Atoms, Charged Wormholes und dem damit zusammenhängenden Mechanismus der Supraleitfähigkeit gehe auf diese Webseite:
http://blues.helsinki.fi/~matpitka
Zusätzliche Hinweise auf die Arbeiten von Dr. Jacqueline Barton können auf den Seiten des Physikers Tony Smith gefunden werden:
http://www.innerx.net/personal/tsmith/newtech2.html
Aus diesen drei Aufsätzen sollte hervorgehen, dass DNS-Reparatur im Zusammenhang mit der Anwesenheit von Platin-Gruppen-Elementen stehen kann.

[32] Unfolding Meaning: A Weekend of Dialogue with David Bohm

[33] Dr. Mae-Wan Ho, Biografie:
http://www.ratical.org/co-globalize/MaeWanHo/

[34] http://www.i-sis.org.uk/brainde.php

[35] http://www.i-sis.org.uk/gaia.php

[36] Er vertieft dies in dem Buch „Molecular and Biological Physics of Living Systems" editiert von R. K. Mishra und publiziert von Kluwer Academic Publishers 1990.

[37] http://www.ortho.lsumc.edu/Faculty/Marino/EL/EL4/References4.html Little: W.A. 1964. Possibility of synthesizing an organic superconductor. Phys. Rev. 134A:1416.

Little, S.A. 1965. Superconductivity at room temperature. Sci. American 212:21.

Ginzburg, V.L. 1964. On surface superconductivity. Phys. Lett. 13:101.

Ginzburg, V.L. 1968. The problem of high temperature superconductivity. Contemp. Physics 9:355.

Halpern, E.H., and Wolf, A.A. 1972. Speculations of superconductivity in biological and organic systems. Adv. Cryogenic Eng. 17:109.

Wolf, A.A., and Halpern, E.H. 1976. Experimental high temperature organic superconductivity in the cholates: a summation of results. Physiol. Chem. Phys. 8:31.

Wolf, A.A. 1976. Experimental evidence for high-temperature organic fractional superconduction of cholates. Physiol. Chem. Phys. 8:495.

Ahmed, N.A.G., Claderwood, J.H., Frohlich, H., and Smith, C.W. 1975. Evidence for collective magnetic effects in an enzyme. Likelihood of room temperature superconductive regions. Phys. Lett. 53A:129.

Cope, F.W. 1971. Evidence from activation energies for superconductive tunneling in biological systems at physiological temperatures. Physiol. Chem. Phys. 3:403.

Cope, F.W. 1978. Discontinuous magnetic field effects (Barkhausen noise) in nucleic acids as evidence for room temperature organic superconduction. Physiol. Chem. Phys. 10:233.

[38] http://www.i-sis.org.uk/rnbwwrm.php

[39] (tensegrity structures are characterized by use of continuous tension and local compression)

[40] Orchestrated Objective Reduction of Quantum Coherence in Brain Microtubules: The „Orch OR" Model for Consciousness".
In einem anderen Aufsatz (Cytoplasmic Gel States and Ordered Water: Possible Roles in Biological Quantum Coherence schlägt Hameroff vor, dass Quantenkohärenz innerhalb MT eine Funktion von Lichtkohärenz sein könnte: http://www.consciousness.arizona.edu/hameroff/water2.html

[41] http://www.subtleenergies.com/ormus/research/levitate.avi

[42] http://www.subtleenergies.com/ormus/tw/magtrap.htm

[43] http://www.subtleenergies.com/ormus/tw/twdiary.htm

[44] http://www.subtleenergies.com/ormus/tw/dna.htm#newsletter

[45] http://www.webcom.com/hrtmath/IHM/Research/DNAResearch.html

[46] http://homepages.ihug.co.nz/~sai/DNAPhantom.htm

[47] http://bioweb.wku.edu/courses/Biol588/Bishopl.html
- Cisplatin and DNA repair in cancer chemotherapy
http://subtleenergies.com/ormus/Health/health.htm#Portland lecture
- David Hudson's Portland, Oregon lecture

http://subtleenergies.com/ormus/Health/health.htm#Newsletters 12&13
- David Hudson's newsletters 12 & 13

[48] Im Pharma-Lobby-Gesetz „LMBG"
(Lebensmittel Bedarfsgegenstände Gesetz), heißt es:
LMBG § 18 Verbot der gesundheitsbezogenen Werbung

Unbeschadet der Vorschrift des § 17 Abs. 1 Nr. 5 ist es verboten,
im Verkehr mit Lebensmitteln oder in der Werbung für Lebensmittel allgemein oder im Einzelfall
1. Aussagen, die sich auf die Beseitigung, Linderung oder Verhütung von Krankheiten beziehen,
2. Hinweise auf ärztliche Empfehlungen oder ärztliche Gutachten,
3. Krankengeschichten oder Hinweise auf solche,
4. Äußerungen Dritter, insbesondere Dank-, Anerkennungs- oder Empfehlungsschreiben, soweit sie sich auf die Beseitigung oder Linderung von Krankheiten beziehen, sowie Hinweise auf solche Äußerungen,
5. bildliche Darstellungen von Personen in der Berufskleidung oder bei der Ausübung der Tätigkeit von Angehörigen der Heilberufe, des Heilgewerbes oder des Arzneimittelhandels,
6. Aussagen, die geeignet sind, Angstgefühle hervorzurufen oder auszunutzen,
7. Schriften oder schriftliche Angaben, die dazu anleiten, Krankheiten mit Lebensmitteln zu behandeln, zu verwenden.
(2) Die Verbote des Absatzes 1 gelten nicht für die Werbung gegenüber Angehörigen der Heilberufe, des Heilgewerbes oder der Heilhilfsberufe.
Die Verbote des Absatzes 1 Nr. 1 und 7 gelten nicht für diätetische Lebensmittel, soweit nicht das Bundesministerium durch Rechtsverordnung mit Zustimmung des Bundesrates etwas anderes bestimmt."
Quelle: bundesrecht.juris.de 1974

[49] Puthoff, H. E.: Gravity as a Zero Point Fluctuation Force,
Physical Review A, Band 39, Nr. 5, 1. März 1989.
Secrets of the Alchemists, Time Life.
August-September 2007 NEXUS 12

[50] http://www.Colorado.EDU/physics/2000/bec/index.html

[51] http://www.tcm.phy.cam.ac.uk/~bdj10/mm/top.html

[52] http://www.reed.edu/~rsavage/qbrain.html
http://blues.helsinki.fi/~matpitka/exo.html
Exotische Atome und ein Mechanismus für Supraleitfähigkeit in Biosystemen:
http://blues.helsinki.fi/~matpitka/nmp.html
oder für Anspruchsvolle: Negentropy Maximization Principle and TGD Inspired Theory of Consciousness, TGD = Topological Geometrodynamics

http://blues.helsinki.fi/~matpitka/eeg6.html

[53] http://www.u.arizona.edu/~hameroff/penrose1.html

[54] http://www.hotwired.com/synapse/braintennis/97/41/index0a.html

[55] Extra-Sensory Perception of Quarks, by Stephen M. Phillips, PhD, 1980, Theosophical Publishing House, Wheaton IL, ISBN 0-8356-0227-3, http://www.jse.com/v9n4a2.html

[56] http://galaxy.cau.edu/tsmith/allspaces.html

[57] http://www.harmonicinnerprizes.com/alphawave.shtml
Das Begleitschreiben des Direktors an „Harmonic Innerprices":
http://www.harmonicinnerprizes.com/alphalearning_institute.html

[58] Review von Dennis Waterman :
http://www.subtleenergies.com/ORMUS/misc/theredlion.htm

[59] Review von Barry Carter
http://www.subtleenergies.com/ORMUS/tw/review.htm

[60] http://www.wheelerrex.com/PDF/catalog/07CtlgNO_LR_33-37.pdf

- Aktuelle Informationen zum Thema Ormus in deutscher Sprache
- Kostenloses Diskussionsforum (erfordert Anmeldung)
- Rat und Hilfe bei besonderen Themen per Email
- Hochwertiges Water-Trap-Ormus, gewonnen aus Tiefbrunnen-Glacialwasser

http.//www.m-state.de

info@m-state.de

M-State-Ormus
www.m-state.de